"十二五"国家重点图书出版规划项目

国家出版基金项目
NATIONAL PUBLICATION FOUNDATION

绿色经济与绿色发展丛书 / 刘思华·主编

绿色社区

GREEN COMMUNITY

万华炜 著

中国环境出版社·北京

图书在版编目（CIP）数据

绿色社区/万华炜著. —北京：中国环境出版社，2016.12
（绿色经济与绿色发展丛书/刘思华主编）
ISBN 978-7-5111-3050-1

Ⅰ．①绿… Ⅱ．①万… Ⅲ．①社区—环境保护
Ⅳ．①X321

中国版本图书馆 CIP 数据核字（2016）第 322901 号

出 版 人 王新程
策　 划 沈　建　陈金华
责任编辑 陈金华　宾银平
责任校对 尹　芳
封面设计 耀午设计　彭　杉

出版发行　**中国环境出版社**
　　　　　（100062　北京市东城区广渠门内大街 16 号）
　　　　　网　　址：http://www.cesp.com.cn
　　　　　电子邮箱：bjgl@cesp.com.cn
　　　　　联系电话：010-67112765（编辑管理部）
　　　　　　　　　　010-67113412（教材图书出版中心）
　　　　　发行热线：010-67125803，010-67113405（传真）
印　　刷　北京中科印刷有限公司
经　　销　各地新华书店
版　　次　2016 年 12 月第 1 版
印　　次　2016 年 12 月第 1 次印刷
开　　本　787×960　1/16
印　　张　15
字　　数　257 千字
定　　价　42.00 元

总 序

迈向生态文明绿色经济发展新时代

在党的十七大提出的"建设生态文明"的基础上，党的十八大进一步确立了社会主义生态文明的创新理论，构建了建设社会主义生态文明的宏伟蓝图，制定了社会主义生态文明建设的基本任务、战略目标、总体要求、着力点和行动方案；并向全党全国人民发出了"努力走向社会主义生态文明新时代"的伟大号召。按照生态马克思主义经济学观点，走向社会主义生态文明新时代，就是迈向生态文明与绿色经济发展新时代。这既是中华文明演进和中国特色社会主义经济社会发展规律与演化逻辑的必然走向和内在要求，又是人类文明演进和世界经济社会发展规律与演化逻辑的必然走向和内在要求。因此，绿色经济与绿色发展是 21 世纪人类文明演进与世界经济社会发展的大趋势、大方向，集中表达了当今人类努力超越工业文明黑色经济发展的旧时代而迈进生态文明绿色经济发展新时代的意愿和价值期盼，已成为人类文明演进和世界经济社会发展的必然选择和时代潮流。据此，建设绿色文明、发展绿色经济、实现绿色发展，是全人类的共同道路、共同战略、共同目标，是生态文明绿色经济及新时代赋予我们的神圣使命与历史任务。毫无疑问，当今世界和当代中国一个生态文明绿色经济发展时代正在到来。为了响应党的十八大提出的"努力走向社会主义生态文明新时代"的伟大号召，迎接生态文明绿色经济发展新时代的来临，中国环境出版社特意推出"十二五"国家重点图书出版规划项目"绿色经济与绿色发展丛书"（以下简称"丛书"）。笔者作为"丛书"主编，并鉴于目前"半绿色经济论""伪绿色经济发展论"日渐盛行，故就"中国智慧"创立的绿色经济理论与绿色发展学说的几个重大问题添列数语，是为序。

一、关于绿色经济的理论本质问题

绿色经济的本质属性即理论本质：不是环境经济学的范畴，而是生态经济学与可持续发展经济学的范畴。西方绿色思想史表明，"绿色经济"这个词汇最早见于英国环境经济学家大卫·皮尔斯 1989 年出版的第一本小册子《绿色经济的蓝图》（后称"蓝图 1"）的书名中。其后"蓝图 2"的第二章的第一节两次使用了"绿色经济"这个名词，直到 1995 年出版"蓝图 4"，也没有对绿色经济作出界定，这就是说 4 本小册子都没有明确定义绿色经济及诠释其本质内涵。对此，方时姣教授从世界绿色经济思想发展史的视角进行了全面评述：[①] "蓝图 1"主要介绍英国的环境问题和环境政策制定，正如作者指出的"我们的整个讨论都是环境政策的问题，尤其是英国的环境政策"。"蓝图 2"1991 年出版，是把"蓝图 1"的环境政策思想拓展到世界及全球性环境问题和环境政策。"蓝图 3"1993 年出版，又回到"蓝图 1"的主题，即英国的环境经济与可持续发展问题的综合。"蓝图 4"则又回到"蓝图 2"讨论的主题，正如作者在前言中所指出的"绿色经济的蓝图从环境的角度，阐述了环境保护及改善问题"。因此，从"蓝图 1"到"蓝图 4"，对绿色经济的新概念、新思想、新理论，没有作任何诠释的论述，仅仅只是借用了绿色经济这个名词，来表达过去的 25 年环境经济学流派发展的新综合，确实是"有关环境问题的严肃书籍"。

皮尔斯等人在当今世界率先使用"绿色经济"这一词汇并得到了广泛传播，但基本上只是提及了这个概念，没有深入研究，尤其是理论研究。因此，在西方世界的整个 20 世纪 90 年代至 2008 年爆发国际金融危机的这一时期，仍然主要是环境经济学界的学者使用绿色经济概念，从环境经济学的视角阐述环境保护、治理与改善等绿色议题，其核心问题是讨论经济与环境相互作用、相互影响的环境经济政策问题，而关注点集中于环境污染治理的经济手段。在我国首先使用皮尔斯等人的绿色经济概念的是环境污染与保护工作者，并对其进行界定。例如，原国家环境保护局首任局长曲格平先生在 1992 年出版的《中国的环境与发展》一书中指出："绿色经济是指以环境保护为基础的经济，主要表现在：一是以治理污染和改善生态为特征的环保产业的兴起；二是因环境保护而引起的工业和农业生产方式的变

---

① 方时姣：《绿色经济思想的历史与现实纵深论》，载《马克思主义研究》2010 年第 6 期，第 55～62 页。

革，从而带动了绿色产业的勃发。"①在这里，十分清楚地表明了曲格平先生同皮尔斯等人一样，是借用绿色经济的概念来诠释环境保护、治理和改善的问题。其后，我国学界有一些学者把绿色经济当作环境经济的代名词，借用绿色经济之名，表达环境经济之实。总之，长期以来，国内外不少学者按照皮尔斯等人的学术路径，对绿色经济作了狭隘的理解而被看作是环境经济学的新概括，把它纳入环境经济学的理论框架之中，成为环境经济学的理论范畴。这就必然遮盖了绿色经济的本来面目，极大地扭曲了它的本质内容与基本特征，不仅产生了一些不良的学术影响，而且会误导人们的生态与经济实践。正如方时姣教授指出的："把绿色经济纳入环境经济学的理论框架来指导实践，最多只能缓解生态环境危机，是不可能从根本上解决生态环境问题的，也不可能克服生态环境危机，也就谈不上实现生态经济可持续发展。"②

20 世纪 90 年代，我国生态经济学界就有学者用绿色经济这一术语概括生态环境建设绿色议题和生态经济协调发展研究的新进展，论述重点是"一切都将围绕改善生态环境而发展，核心问题是要实现人和自然的和谐、经济与生态环境的协调发展。"③为此，笔者针对皮尔斯等国内外学者以环境经济学理论范式来回应绿色经济议题，在 1994 年出版了《当代中国的绿色道路》一书，以生态经济学新范式来回应绿色经济议题，以生态经济协调发展理论平台在深层次上阐述"发展经济必须与发展生态同时并举，经济建设必须与生态建设同步进行，国民经济现代化必须与国民经济生态化协调发展"的绿色发展道路。这就在国内外首次拉开了从学科属性上把绿色经济从环境经济学理论框架中解放出来的序幕。在此基础上，笔者于 2000年 1 月出版的《绿色经济论——经济发展理论变革与中国经济再造》一书，深刻地论述了一系列重大的绿色经济理论前沿和现实前沿问题，科学地揭示了生态经济与知识经济同可持续发展经济之间的本质联系及其发展规律，破解了三者之间相互渗透、融合发展的绿色经济与绿色发展的内在奥秘，成为中国绿色经济理论与绿色发展学说形成的重要标志。尤其是该书把绿色经济看作是生态经济与可持续经济的新概括与代名词，并从这个新高度的最高层次对绿色经济提出了新命题："绿色经济

---

① 转引自刘学谦、杨多贵、周志强等：《可持续发展前沿问题研究》，北京：科学出版社，2010 年版，第 126 页。
② 方时姣：《绿色经济思想的历史与现实纵深论》，载《马克思主义研究》2010 年第 6 期，第 55～62 页。
③ 郑明焕：《把握机遇，在大转变中求发展》，1992 年 3 月 28 日《中国环境报》。

是可持续经济的实现形态和形象概括。它的本质是以生态经济协调发展为核心的可持续发展经济。"①这个界定肯定了绿色经济的生态经济属性，揭示了它的可持续经济的本质特征，从学科属性上把它从环境经济学理论框架中彻底解放出来，真正纳入生态经济学与可持续发展经济学的理论体系，成为生态经济学与可持续发展经济学的理论范畴，恢复了绿色经济的本来面目。虽然这个绿色经济的定义十分抽象，却反映了它的本质属性与科学内涵，得到了多数绿色经济研究者的认同和广泛使用。然而时至今日，在我国仍有少数学者尤其在实际工作中也有不少人还在用环境经济学范畴中的绿色经济理念来指导经济实践，这种现象不能继续下去了。

二、关于绿色经济的文明属性问题

绿色经济的文明属性不是工业文明的经济范畴，而是生态文明的经济范畴。世界绿色经济思想史告诉我们，在学科属性上把绿色经济当作环境经济学的新观念与代名词，纳入环境经济学的理论框架，就必然在文明属性上把它纳入工业文明的基本框架，成为工业文明的经济范畴，即发展工业文明的经济模式。这是因为，环境经济学是调整、修补、缓解人与自然的尖锐对立、环境与经济的互损关系的工业文明时代的产物，是工业文明"先污染后治理"经济发展道路的理论概括与学理表现。自皮尔斯等人指出环境经济学范畴的绿色经济概念以来，国内外一个主流绿色经济观点就是对绿色经济的狭隘的认识与把握，只是把它看成是解决工业文明经济发展过程中出现的生态环境问题的新经济观念，是能够克服工业文明的褐色经济或黑色经济弊端的经济模式。在我国这种观点比较流行。例如，有的学者认为："绿色经济是以市场为导向、以传统产业经济为基础、以经济与环境的和谐为目标而发展起来的一种新型的经济形式即发展模式"，"是现代工业化过程中针对经济发展对环境造成负面影响而产生的新经济概念"。时至今日，这种工业文明经济范畴的绿色经济概念仍被人引用来论证自己的绿色经济观念。因此，在此我要再次强调：工业文明经济范畴的绿色经济观念，在本质上仍是人与自然对立的文明观，并没有从根本上消除工业文明及黑色经济反生态和反人性的黑色基因，丢弃了绿色经济是生态经济协调发展的核心内容和超越工业文明黑色经济、铸造生态文明生态经济的本质属性，从而否定了绿色经济是生态文明生态经济形态的理论内涵与实践价值。因此，

---

① 刘思华：《绿色经济论》，北京：中国财政经济出版社，2001 年版，第 3 页。

以工业文明经济范式或理论平台来回应绿色经济议题，是不可能从根本上触动工业文明黑色经济形态的，是难以走出工业文明黑色经济发展道路的；最多是缓解局部自然环境恶化，是不可能解决当今人类面对的生态经济社会全面危机的。因此，决定了我们必须也应当以生态文明新范式或理论平台在深层次回应绿色经济与发展绿色经济议题，才能顺应 21 世纪生态文明与绿色经济时代的历史潮流。

生态马克思主义经济学哲学告诉我们：彻底的生态唯物主义者，不仅要在学科属性上把绿色经济从环境经济学的理论框架中解放出来，成为生态经济与可持续发展经济的理论范畴，而且在文明属性上，要把它从工业文明的基本框架中解放出来，作为生态文明的经济范畴。前面提到的笔者所著的《当代中国的绿色道路》《绿色经济论》这两部著作，是实现绿色经济这两个生态解放的成功探索。早在 1998 年笔者在《发展绿色经济，推进三重转变》一文中就明确提出了发展绿色经济的新的经济文明观，明确指出："人类正在进入生态时代，人类文明形态正在由工业文明向生态文明转变，这是人类发展绿色经济、建设生态文明的一个伟大实践。"[①]邹进泰、熊维明的《绿色经济》一书中指出：绿色经济发展"是从单一的物质文明目标向物质文明、精神文明和生态文明多元目标的转变。发展绿色经济，尤其要避免'石油工业''石油农业'造成的高消耗、高消费、高生态影响的物质文明，而要造就高效率、低消耗、高活力的生态文明"。[②] 可见"中国智慧"在世界上最早实现绿色经济的两个生态解放、纳入生态文明的基本框架，是人与自然和谐统一、生态与经济协调发展的建设生态文明的必然产物。下面还要作几点说明：

（1）按照人类文明形态演进和经济社会形态演进一致性的历史唯物主义社会历史观的理论思路，生态文明是继原始文明、农业文明、工业文明（包括后工业文明）之后的全新的人类社会文明形态，它不仅延续了它们的历史血脉，而且创新发展了它们尤其是工业文明的经济社会形态，使工业文明从人与自然相互对立、生态与经济相分裂的工业经济社会形态，朝着生态文明以人与自然和谐统一、生态与经济协调发展的生态经济社会形态演进。这是人类文明经济社会的全方位、最深刻的生态变革与绿色经济转型，可以说是人类文明历史发展以来最伟大的生态经济社会变革运动。

---

① 刘思华：《刘思华文集》，武汉：湖北人民出版社，2003 年版，第 403 页。
② 邹进泰、熊维明等：《绿色经济》，太原：山西经济出版社，2003 年版，第 12 页。

（2）我们要深刻认识和正确把握绿色经济的概念属性与本质内涵，正是这个属性和内涵决定了它是生态文明生态经济形态的实现形式与形象概括。世界工业文明发展的历史表明，无论是资本主义工业化，还是社会主义工业化；无论是发达国家工业化，还是发展中国家工业化，都走了一条工业经济黑色化的黑色发展道路，形成了工业文明黑色经济形态。据此，工业文明主导经济形态的工业经济形态的实现形态与形象概括就是黑色经济形态。而生态文明开辟了经济社会发展绿色化即生态化的绿色发展道路，最终形成生态文明绿色经济形态。它是对工业文明及其黑色经济形态的批判、否定和扬弃，是在此基础上的生态变革和绿色创新。这就是说，绿色经济的根本属性与本质内涵是生态经济与可持续发展经济，使它必然在本质上取代工业经济并融合知识经济的一种全新的经济形态，是生态文明新时代的主导经济形态的现实形态。所以，笔者反复指出："绿色经济作为生态文明时代的经济形态，是生态经济形态的现实象征与生动概括。"①这不仅肯定了绿色经济是生态经济学与可持续发展经济学的理论范畴，而且界定了绿色经济是生态文明的经济范畴，恢复了绿色经济的本来面目。

（3）绿色经济实现"两个生态解放"之后，就应当对它重新定位。现在我们可以将绿色经济的科学内涵和外延表述为：以生态文明为价值取向，以自然生态健康和人体生态健康为终极目的，以提高经济社会福祉和自然生态福祉为本质特征，以绿色创新为主要驱动力，促进人与自然和谐发展和生态与经济协调发展为根本宗旨，实现生态经济社会发展相统一并取得生态经济社会效益相统一的可持续经济。因此，发展绿色经济是广义的，不仅是指广义的生态产业即绿色产业，而且包括低碳经济、循环经济、清洁能源和可再生能源、碳汇经济以及其他节约能源资源与保护环境、建设生态的经济等。②这个新界定正确地揭示了绿色经济的本质属性、科学内涵、概念特征与实践主旨，准确地体现了绿色经济历史趋势与时代潮流；绿色经济观念、理论是人与自然和谐统一、生态与经济协调发展的生态文明新时代的理论概括与学理表现。只有这样认识和把握绿色经济，才能真正符合生态文明与绿色经济发展的客观进程与内在逻辑。

（4）生态文明经济范畴的绿色经济包含两层经济含义：一是它作为理论形态是

① 中国社会科学院马克思主义学部：《36位著名学者纵论中国共产党建党90周年》，北京：中国社会科学出版社，2011年版，第409页。
② 刘思华：《生态文明与绿色低碳经济发展总论》，北京：中国财政经济出版社，2001年版，第1页。

生态文明的经济社会形态范畴，是生态文明时代崭新的主导经济，我们称之为绿色经济形态。二是它作为实践形态是生态文明的经济发展模式，是生态文明崭新时代的经济发展模式，我们称之为绿色经济发展模式。这就决定了建设生态文明、发展绿色经济的双重战略任务，既要形成生态和谐、经济和谐、社会和谐一体化的绿色经济形态，又要形成生态效益、经济效益、社会效益最佳统一的绿色经济发展模式。据此，建设生态文明、发展绿色经济应当是经济社会形态和经济社会发展模式的双重绿色创新转型发展过程，这是革工业文明的黑色经济形态和经济发展模式之故、鼎生态文明的绿色经济形态和经济发展模式之新的过程。因此，每个战略任务都是双重绿色使命：一方面背负着克服、消除工业文明的黑色经济形态与发展模式的黑色弊端，对它们进行生态变革、绿色重构与转型，改造成为绿色经济形态与绿色经济发展模式；另一方面担负着创造人类文明发展的新形态，即超越资本主义工业文明（包括高度发达的后工业文明）的社会主义生态文明，构建与生态文明相适应的绿色经济形态和绿色经济发展模式。这是生态文明建设的中心环节，是绿色经济发展的实践指向，因此双重绿色经济就是我们迈向生态文明与绿色经济发展新时代，也是推动人类文明形态和经济社会形态与发展模式同步演进的双重时代使命与实践目标。实现双重时代使命所推动的变革不仅仅是工业文明形态及其黑色经济形态与发展模式本身的变革，而且是超越工业文明的生态文明及其他的经济形态与发展模式的生态变迁与绿色构建。这才符合生态文明与绿色经济的本质属性与实践主旨。

三、关于绿色发展理论与道路的探索问题

自 2002 年以来的 10 多年间，一直流传着联合国开发计划署在《2002 年中国人类发展报告：让绿色发展成为一种选择》中首先提出绿色发展，中国应当选择绿色发展之路。这个"首先"之说不知是何人的说法，是根本不符合绿色发展思想理论发展的历史事实的，是一种学术误传。

1. 我们很有必要对中国绿色发展思想理论发展的历史作简要回顾

如前所述，1994 年笔者在《当代中国的绿色道路》一书中，以生态经济学新范式及生态经济协调发展的新理论平台来回应绿色发展道路议题，阐述了绿色发展的一系列主要理论与实践问题，明确提出中国绿色发展道路的核心问题是"经济发展生态化之路"，"一切都应当围绕着改善生态环境而发展，使市场经济发展建立在

生态环境资源的承载力所允许的牢固基础之上,达到有益于生态环境的经济社会发展。"①1995 年著名学者戴星翼在《走向绿色的发展》一书中首次从"经济学理解绿色发展"的角度,明确使用"绿色发展"这一词汇,诠释可持续发展的一系列主要理论与实践问题,并认为"通往绿色发展之路"的根本途径在于"可持续性的不断增加"。②在这里,绿色发展成为可持续发展的新概括。2012 年著名学者胡鞍钢出版的《中国:创新绿色发展》一书,创新性地提出了绿色发展理念,开创性地系统阐述了绿色发展理论体系,总结了中国绿色发展实践,设计了中国绿色现代化蓝图。所以,笔者认为该书虽有不足之处,但从总体上说,丰富、创新、发展了中国绿色发展学说的理论内涵和实际价值,提出了一条符合生态文明时代特征的新发展道路——绿色发展之路。总之,中国学者探索绿色发展的理念、理论与道路的历史轨迹表明,在此领域"中国智慧"要比"西方智慧"高明,这就在于绿色发展在发展理念、理论、道路上突破了可持续发展的局限性,"将成为可持续发展之后人类发展理论的又一次创新,并将成为 21 世纪促进人类社会发生翻天覆地变革的又一次大创造。"③

2. 21 世纪的绿色经济与绿色发展观

进入 21 世纪以后,绿色经济与绿色发展观念逐步从学界视野走进政界视野,尤其是面对 2008 年国际金融危机催化下世界绿色浪潮的新形势,以胡锦涛为总书记的中央领导集体正确把握当今世界发展绿色低碳转型的新态势、未来世界绿色发展的大趋势,站在与世界各国共建和谐世界与绿色世界的发展前沿上,直面中国特色社会主义的基本国情,提出了绿色经济与绿色发展的一系列新思想、新观点、新理论,揭示了发展绿色经济、推进绿色发展是当今世界发展的时代潮流。正如习近平同志所指出的:"绿色发展和可持续发展是当今世界的时代潮流",其"根本目的是改善人民生活环境和生活水平,推动人的全面发展。"④李克强还指出:"培育壮大绿色经济,着力推动绿色发展","要加快形成有利于绿色发展的体制机制,通过政策激励和制度约束,增强推动绿色发展的自觉性、主动性,抑制不顾资源环境承

---

① 刘思华:《当代中国的绿色道路》,武汉:湖北人民出版社,1994 年版,第 86 页、第 101 页。
② 戴星翼:《走向绿色的发展》,上海:复旦大学出版社,1998 年版,第 1~23 页。
③ 胡鞍钢:《中国:创新绿色发展》,北京:中国人民大学出版社,2012 年版,第 20 页。
④ 习近平:《携手推进亚洲绿色发展和可持续发展》,2010 年 4 月 11 日《光明日报》。

载能力盲目追求增长的短期行为。"①笔者曾发文把以胡锦涛为总书记的中央领导集体的绿色发展理念概括为"四论",即绿色和谐发展论、国策战略绿色论、绿色文明发展道路论、国际绿色合作发展论。②在此我们还要重视的是胡锦涛同志在2003年中央经济工作会议上明确指出:"经济增长不能以浪费资源、破坏环境和牺牲子孙后代利益为代价。"其后,他进一步指出:"我国是社会主义国家,我们的发展不能以牺牲精神文明为代价,不能以牺牲生态环境为代价,更不能以牺牲人的生命为代价。""我们一定要痛定思痛,深刻吸取血的教训。"③胡锦涛提出的不能以"四个牺牲为代价"换取经济发展的绿色原则,反映了改革开放以来,我国经济发展的基本经验和严重教训,这实质上是实现科学发展的四项重要原则,是推进绿色发展的四项重要原则。凡是以"四个牺牲为代价"换取的经济发展就是不和谐的、不可持续的非科学发展,这种发展可以称为黑色发展;凡是没有以"四个牺牲为代价"的经济发展就是和谐的、可持续的科学发展,这种发展可以称为绿色发展。正是在这个意义上说,不能以"四个牺牲为代价"是区分黑色发展和绿色发展的四项绿色原则。

3. 依法治国新政理念:发展绿色经济、推进绿色发展

当下中国执政者对绿色经济与绿色发展的认识与把握,已不只是学界那样把发展绿色经济、推进绿色发展视为全新的思想理论,而是一种崭新的全面依法治国的执政理念、发展道路与发展战略。党的十八大首次把绿色发展(包括循环发展、低碳发展)写入党代会报告,是绿色发展成为具有普遍合法性的中国特色社会主义生态文明发展道路的绿色政治表达,标志着实现中华民族伟大复兴的中国梦所开辟的中国特色社会主义生态文明建设道路是绿色发展与绿色崛起的科学发展道路。这条道路的理论体系就是"中国智慧"创立的绿色经济理论与绿色发展学说。它既是适应世界文明发展进步,更是适应中国特色社会主义文明发展进步需要而产生的科学发展学说,甚至可以说,是一种划时代的全新科学发展学说。对此,近几年来,我多次强调指出:绿色经济理论与绿色发展学说不是引进的西方经济发展思想,而是中国学界和政界马克思主义学人自主创立的科学发展新学说。它是立足中国、面向世界、通向未来的马克思主义发展学说,必将指引着中国特色社会主义沿着绿色发展与绿色崛起的科学发展道路不断前进。

---

① 李克强:《推动绿色发展 促进世界经济健康复苏和可持续发展》,2010年5月9日《光明日报》。
② 刘思华:《科学发展观视域中的绿色发展》,载《当代经济研究》2011年第5期,第65~70页。
③ 中共中央文献研究室:《科学发展观重要论述摘编》,北京:中央文献出版社,2008年版,第34页、第29页。

"中国智慧"不仅从绿色经济的根本属性与本质内涵论证了绿色经济是生态文明的经济范畴,而且从绿色发展的根本属性与本质内涵界定了绿色发展是生态文明的发展范畴。故笔者把绿色发展表述为:"以生态和谐为价值取向,以生态承载力为基础,以有益于自然生态健康和人体生态健康为终极目的,以追求人与自然、人与人、人与社会、人与自身和谐发展为根本宗旨,以绿色创新为主要驱动力,以经济社会各个领域和全过程的全面生态化为实践路径,实现代价最小、成效最大的生态经济社会有机整体全面和谐协调可持续发展,因此,绿色发展必将使人类文明进步和经济社会发展更加符合自然生态规律、社会经济规律和人自身的规律,即支配人本身的肉体存在和精神存在的规律(恩格斯语)"①或者说"更加符合三大规律内在统一的"自然、人、社会有机整体和谐协调发展的客观规律。现在我要进一步指出的是,从学理层面上说,绿色发展的理论本质是"生态经济社会有机整体全面和谐协调可持续发展";从实践层面上看,绿色发展的实践主旨是实现"生态经济社会有机整体全面和谐协调可持续发展"。现在我们完全可以作出一个理论结论:绿色发展是生态经济社会有机整体全面和谐协调可持续发展的形象概括与现实形态。正是在这个意义上说,绿色发展是永恒的经济社会发展。这是客观真理。

4. 绿色发展学说中若干基本理论观点和现实问题

(1)绿色发展的经济学诠释,就是绿色经济与绿色发展内在统一的绿色经济发展。笔者在2002年《发展绿色经济的理论与实践探索》的学术报告中,首次提出了绿色经济发展新观念和构建了绿色经济发展理论的基本框架,明确指出:"发展绿色经济是建设生态文明的客观基础和根本问题","绿色经济发展是人类文明时代的工业文明时代进入生态文明时代的必然进程","是推进现代经济的'绿色转变'走出一条中国特色的绿色经济建设之路","必将引起21世纪中国现代经济发展的全方位的深刻变革,是中国经济再造的伟大革命",还强调指出:"只有建立生态市场经济制度才能真正走出一条中国特色的绿色经济发展道路。"②因此,21世纪中国绿色发展道路在经济领域内,就是绿色经济发展道路,这是中国特色社会主义经济发展道路走向未来的必由之路。

(2)20世纪人类文明发展事实表明工业文明发展黑色化是常态,故工业文明确实是黑色文明,其发展是黑色发展,它的一切光辉成就的取得,说到底是以牺牲

---

① 刘思华:《生态马克思主义经济学原理》(修订版),北京:人民出版社,2014年版,第578~579页。
② 刘思华:《刘思华文集》,武汉:湖北人民出版社,2003年版,第607~612页。

自然生态、社会生态和人体生态为代价，创造着黑色的文明史。因此，生态马克思主义经济学哲学得出一个人类文明时代发展特征的结论："工业文明是黑色发展时代，生态文明是绿色发展时代……'中国智慧'对从工业文明黑色发展向生态文明绿色发展巨大变革的认识，是 21 世纪中华文明发展头等重要的发现，是科学的最大贡献。"[①] 从工业文明黑色发展走向生态文明绿色发展是生态经济社会有机整体的全方位生态变革与全面绿色创新转变，是人类文明发展史上最伟大的最深刻的生态经济社会革命。它的中心环节是要实现工业文明黑色发展道路向生态文明绿色发展道路的彻底转轨，其关键所在是要实现工业文明黑色发展模式向生态文明绿色发展模式的全面转型。[②] 只有实现这两个"根本转变"，人类文明形态演进和经济社会形态演进才能真正迈向生态文明与绿色经济发展新时代。

（3）和谐发展和绿色发展是生态文明的根本属性与本质特征的两种体现，是生态文明时代生态经济社会有机整体全面和谐协调可持续发展的两个方面。这是因为：① 生态马克思主义经济学哲学告诉我们，人类文明进步和经济社会发展的实质就是自然、人、社会有机整体价值的协调与和谐统一，是实现人与自然、人与人、人与社会、人与自身的全面和谐协调，成为人类文明进步与经济社会发展的历史趋势和终极价值追求。因此，笔者在《生态马克思主义经济学原理》一书中就指出了狭义与广义生态和谐论，指出"狭义生态和谐"就是人与自然的和谐发展即自然生态和谐，这是狭义生态文明的核心理念。而和谐发展不仅是人与自然的和谐发展，还包括人与人、人与社会及个人的身心和谐发展，于是我把这"四大生态和谐"称之为"广义的生态和谐"的全面和谐发展。这是广义生态文明的根本属性与本质特征，就必然成为生态文明的绿色经济形态与绿色发展模式的根本属性与本质特征。② 生态马克思主义经济学哲学还认为，从自然、人、社会有机整体的四大生态和谐协调发展意义上说，生态和谐协调发展已成为当今中国和谐协调发展的根基。这是绿色发展的核心与灵魂。因此，建设生态文明、发展绿色经济、推进绿色发展，必须贯穿于中国生态经济社会有机整体发展的全过程和各个领域，不断追求和递进实现"四大生态关系"的全面和谐发展，这是绿色发展的真谛。

---

① 刘思华：《生态马克思主义经济学原理》（修订版），北京：人民出版社，2014 年版，第 579 页。
② 胡鞍钢教授在《中国：创新绿色发展》一书中认为："以高消耗、高污染、高排放为基本特征的发展，即黑色发展模式。"我认为应当以高投入、高消耗、高排放、高污染、高代价为基本特征的发展就是工业文明黑色发展模式，而以"五高"黑色发展模式为基本内容与发展思路就是工业文明黑色发展道路。

(4) 全面生态化或绿色化是绿色发展的主要内容与基本路径。2011 年夏，中国绿色发展战略研究组课题组撰写的《关于全面实施绿色发展战略向十八大报告的几点建议》一书指出：按照马克思主义生态文明世界观和方法论，生态化应当写入党代会报告，使中国特色社会主义旗帜上彰显着社会主义现代文明的生态化发展理念，这是建设社会主义生态文明的必然逻辑，是发展绿色经济、实现绿色发展的客观要求，是构建社会主义和谐社会的必然选择。这里所说的生态化发展理念，就是绿色发展理念。后者是前者的现实形态与形象概括，在此我们很有必要作进一步论述：

☞ 生态化是一个综合科学的概念，是前苏联学者首创的现代生态学的新观念：早在 1973 年苏联哲学家 B. A. 罗西在《哲学问题》杂志上发表的《论现代科学的"生态学化"》一文中，就将生态化称为"生态学化"，其本质含义是"人类实践活动及经济社会运行与发展反映现代生态学真理"。以此观之，生态化主要是指运用现代生态学的世界观和方法论，尤其依据"自然、人、社会"复合生态系统整体性观点考察和理解现实世界，用人与自然和谐协调发展的观点去思考和认识人类社会的全部实践活动，最优地处理人与自然的自然生态关系、人与人的经济生态关系、人与社会的社会生态关系和人与自身的人体生态关系，最终实现生态经济社会有机整体全面和谐协调可持续的绿色发展"。[①] 生态化这个术语是国内外学者，尤其在中国新兴、交叉学科的学者广泛使用的新概念，其论著中使用的频率最高，当代中国已经出现新兴、交叉经济学生态化趋势。因此，这个界定从学理上说，我们可以作出一个合乎逻辑的结论：生态化应当是生态文明与绿色发展的重要范畴，甚至是基本范畴。

☞ 当今人类生存与发展需要进行一场深刻的生态经济社会革命，走绿色发展新道路，推进人类生存与发展的生产方式和生活方式的生态化转型，实现人类生存方式的全面生态化。它就内在要求人类社会的经济、科技、文教、政治、社会活动等经济社会运行与发展的全面生态化。在当代中国就是使中国特色社会主义生态经济社会体系运行朝着生态

---

① 刘思华：《论新型工业化、城镇化道路的生态化转型发展》，载《毛泽东邓小平理论研究》2013 年第 7 期，第 8～13 页。

化转型的方向发展。这种生态化转型发展就成为生态经济社会运行与发展的内在机制、主要内容、基本路径与绿色结果。这样的当代中国走生态化转型发展之路，是走绿色发展的必由之路与基本走向。可以说，"顺应生态化转型者昌，违背生态化转型者亡。"①这不仅是当今人类文明进步和世界经济社会发展，而且是中国特色社会主义文明进步和当代中国经济社会发展的势不可当的生态化即绿色化发展大趋势。

☞ 生态马克思主义经济学哲学强调生态文明是广义和狭义生态文明的内在统一，②并把广义生态文明称为绿色文明，既然生态化是生态文明的一个重要范畴，那么它就同生态文明，也是广义与狭义生态化的内在统一；这样说，可以把广义生态化称之为绿色化。两者的本质内涵是完全一致的。2015 年 3 月 24 日，中共中央政治局审议通过的《关于加快推进生态文明建设的意见》首次使用了绿色化这一术语，要求在当前和今后一个时期内，协同推进新型工业化、城镇化、信息化、农业现代化和绿色化。如果说绿色发展（包括循环发展和低碳发展）是生态文明建设的基本途径，那么可以说生态化发展是生态文明建设的内在机制和基本内容与途径。这是因为生态文明建设的理论本质是以生态为本，即主要是以增强提高自然生态系统适应现代经济社会发展的生态供给能力（包括资源环境供给能力）为出发点和落脚点，既要构建优化自然生态系统，又要推进社会经济运行与发展的全面生态化，建立起具有生态合理性的绿色创新经济社会发展模式。所以"生态文明建设的实践指向，是谋求生态建设、经济建设、政治建设、文化建设与社会建设相互关联、相互促进，相得益彰、不可分割的统一整体文明建设，用生态理性绿化整个社会文明建设结构，实现物质文明建设、政治文明建设、精神文明建设、和谐社会建设的生态化发展。这是中国特色社会主义生态文明建设的真谛。"③

☞ 笔者借写"丛书"总序之机，代表中国绿色发展战略研究组课题组和"丛书"的作者们向党中央建议：两年后把"绿色化"或"生态化"

---

① 刘本炬：《论实践生态主义》，北京：中国社会科学出版社，2007 年版，第 136 页。
② 刘思华：《生态马克思主义经济学原理》（修订版），北京：人民出版社，2014 年版，第 540～542 页。
③ 刘思华：《生态马克思主义经济学原理》（修订版），北京：人民出版社，2014 年版，第 549 页。

写入党的十九大报告，使它成为中国特色社会主义道路从工业文明黑色发展道路向生态文明绿色发展道路全面转轨的一个象征，成为当今中国社会主义经济社会发展模式从工业文明黑色发展模式向生态文明绿色发展模式全面转型的一个标志，成为中国特色社会主义文明迈向社会主义生态文明与绿色经济发展新时代的一个时代标识。

四、关于迈向生态文明绿色发展的使命与任务问题

自 2008 年国际金融危机以来，绿色经济与绿色发展迅速兴起，是有着深刻的生态、经济和社会历史背景的。应当说，首先是发源于回应工业文明黑色发展道路与模式的负外部效应所积累的全球范围"黑色危机"越来越严重，已经走到历史的巅峰。"物极必反"，工业文明黑色发展道路与模式的历史命运也逃避不了这个历史的辩证法。它在其黑色发展过程中自我否定因素不断生成，形成向绿色经济与绿色发展转型的因素日渐清晰彰显，使我们看到了绿色经济与绿色发展的时代晨光，人类正在迎来生态文明绿色发展的绿色黎明。这是人类实现生态经济社会全面和谐协调可持续发展的历史起点。

1. 我们必须深刻认识和正确把握生态文明的绿色发展道路与模式的时代特征

迈向生态文明绿色经济发展新时代的时代特色应是反正两层含义：一是当今世界仍然处于黑色文明达到了全面异化的巨大危机之中，使当今人类面临着前所未有的工业文明黑色危机的巨大挑战；二是巨大危机是巨大变革的历史起点，开启了绿色文明绿色发展的新格局、新征途，使人类面临着前所未有的绿色发展历史机遇，并给予全面生态变革与绿色转型的强大动力。因此，当今人类正处于工业文明黑色发展衰落向生态文明绿色发展兴起的更替时期。这是危机创新时代，黑色发展危机逼进绿色创新发展，绿色创新发展走出黑色发展危机。毫无疑问，当今世界和当代中国的一个生态文明绿色创新发展时代正在到来。对此，我们必须从工业文明黑色发展危机来认识与把握生态文明绿色发展道路与模式的历史必然性和现实必要性与可能性。

(1) 历史和现实已经表明，自 18 世纪资本主义工业革命以来，在工业文明（包括其最高阶段的后工业文明）时代资本主义文明及工业文明成功地按照自身发展的工业文明发展模式塑造全世界，将世界各国都引入工业文明黑色经济与黑色发展道路与模式，形成了全球黑色经济与黑色发展体系。当今中外多学科学者在对工业文

明黑色发展的反思与批判中，有一个共识：黑色文明发展一方面使物质世界日益发展，物质财富不断增加；另一方面使精神世界正在坍塌，自然世界濒临崩溃，人的世界正在衰败。它不仅是自然异化，而且是人的物化、异化和社会的物化、异化。当今世界的南北两极分化加剧，以美国为首的国际垄断资本主义势力为掠夺自然资源不断发动地区战争，没有硝烟的经济战和经济意识形态战频发；恐怖主义嚣张，物质主义、拜金主义、消费主义盛行，道德堕落和精神与理智崩溃，无论是发达国家还是发展中国家内部的贫富悬殊、两极分化正在加剧，各种社会不公正与不平等的社会生态关系恶化加深，已成为当今世界的社会生态黑色发展现实。因此，当今工业文明黑色发展的黑色效应已经全面地、极大地显露出来了，使工业文明黑色发展成为当今世界以及大多数国家和民族发展的现状特征。正是在这个意义上，我们完全可以说，当今人类已经陷入工业文明发展全面异化危机及黑色深渊，使今日之工业文明黑色发展达到了可以自我毁灭的地步，同时也包含着克服、超越工业文明黑色发展险境的绿色发展机遇和种种因素条件，也就预示着黑色发展道路与模式的生态变革与绿色转型是历史的必然。这就是说，如果人类不想自我毁灭的话，就必须自觉地走超越工业文明的生态文明绿色发展的新道路，及构建绿色发展的新模式。这是历史发展的必然道路，是化解当今工业文明黑色发展危机的人类自觉的选择，也是唯一正确的选择。

(2)深刻认识和真正承认开创生态文明绿色发展道路与模式的现实必要性和紧迫性。这首先在于当今世界系统运行是依靠"环境透支""生态赤字"来维持，使自然生态系统的生态赤字仍在扩大，将世界各国都绑在工业文明黑色发展之舟上航行。工业文明发展的一切辉煌成就的取得，都是以自然、人、社会的巨大损害为代价，尤其是以毁灭自然生态环境为代价的，这是西方各学科的进步学者的共识，也是中国有社会良知的学者的共识。在 1961 年人类一年只消耗大约 2/3 的地球年度可再生资源，世界大多数国家还有生态盈余。大约从 1970 年起，人类经济社会活动对自然生态的需求就逐步接近自然生态供给能力的极限值，自 1980 年首次突破极限形成"过冲"以来，人类生活中的大自然的生态赤字不断扩大，到 2012 年已经需要 1.5 个地球才能满足人类正常的生存与发展需要。因此，《增长的极限》一书的第 2 版即 1992 年版译者序就明确指出："人类在许多方面已经超出了地球的承载能力之外，已经超越了极限，世界经济的发展已经处于不可持续的状况。"足见工业文明黑色发展确实是一种征服自然、掠夺自然、不惜以牺牲自然生态来换取经济发展的黑色发展道路，使"今天世界上的每一个自然系统都在走向衰落"。[①]进入21世纪的15年间，生态赤字继续扩大、自然生态危机及黑色发展危机日益加深。对此，《自然》杂志发文说："地球生态系统将很快进入不可逆转的崩溃状态。"[②]联合国环境规划署2012年6月6日在北京发布全球环境展望报告中指出，当今世界仍沿着一条不可持续之路加速前行，用中国学者的话说，就是人类仍在继续沿着工业文明黑色发展道路加速前行。因此，从全球范围来看，"目前还没有一个国家真正迈入了'绿色国家的门槛'"[③]，这是不可否认的客观事实。据报道，今年春季欧洲大面积雾霾污染重返欧洲蓝天，使巴黎咳嗽、伦敦窒息、布鲁塞尔得眼疾……这是今春西欧地区空气污染现状大致勾勒出的一幅形象的画面。这就意味着这些欧洲各城市又重新回到大气危机的黑色轨道上来了，因此，人们发出了西欧"霾害根除"还只是个传说之声。这的确是事实，欧洲遭遇空气污染已经不是新鲜事。2011年9月7日英国《卫报》网站曾报道，欧洲空气质量研究报告称空气污染导致欧洲每年有50万人提前死亡，全欧用于处理空气污染的费用高达每年7900亿欧元。2014年11月19日西班牙《阿贝赛报》报道，欧洲环境署公布的空气质量年度报告显示空气污染问题造成欧洲每年大约45万人过早死亡，其中约有43万人的死因是生活在充满$PM_{2.5}$的环境中。2014年4月初，英国环境部门监测到伦敦空气污染达10级，是1952年以来最严重的污染，引发全国逾162万人哮喘病发[④]。近年来欧洲大面积雾霾污染事件，击碎了英国、法国、比利时等发达国家是"深绿发展水平国家"的神话。

（3）一个国家和民族或地区经济社会运行，从生态盈余走向生态赤字并不断扩大的发展道路，就是工业文明的黑色发展道路，其自然生态环境必然是不断恶化的，没有绿色发展可言。与此相反，从生态赤字逐步减少走向生态盈余的发展道路，就是迈向生态文明的绿色发展道路，其自然生态环境不断朝着和谐协调绿色发展的方向前行。因此，逐步实现生态赤字到生态盈余的根本转变，构成判断是不是绿色发展及一个国家和民族及地区是不是"绿色国家"的一个基础根据与根本标准。据此，抛弃工业文明黑色发展模式，坚定不移走绿色发展道路，其根本的、最终的目标与

① 保罗·替肯：《商业生态学》（中译本），上海：上海译文出版社，2001年版，第26页。
② 详见2012年7月28日《参考消息》，第7版。
③ 杨多费、高飞鹏：《绿色发展道路的理论解析》，载《科学管理研究》第24卷第5期，第20～23页。
④ 戴军：《英国："霾害根除"还只是个传说》，2015年3月22日《光明日报》。

首要任务就是尽快扭转自然生态环境恶化趋势，实现生态赤字到生态盈余的根本转变，达到生态资本存量保持非减性并有所增殖，这是人类生态生存之基、绿色发展之源。

2. 开创绿色经济发展新时代的绿色使命与历史任务

当今人类发展已经奏响绿色经济与绿色发展的新乐章。发展绿色经济、推进绿色发展是开创绿色经济发展新时代的绿色使命与历史任务，必将成为人类文明演进与经济社会发展的时代潮流。从全球范围来看，迄今为止，世界上还没有一个国家或地区真正是生态文明的绿色国家或绿色地区，中国也不例外。但是当今世界主要发达国家和发展中国家，已经奏响经济社会发展绿色低碳转型的主旋律，开始朝着建设绿色国家或地区，推进绿色发展的方向前行。在此我们要指出的是，发展绿色经济、推进绿色发展是世界各国的共同目标和绿色使命。2010 年美国学者范·琼斯出版的《绿领经济》一书谈到美国兴起的绿色浪潮时说："不管是蓝色旗帜下的民主党人还是红色旗帜下的共和党人，一夜之间都摇起了绿色的旗帜。"[①] 奥巴马政府实行绿色新政，主打绿色大牌，实施绿色经济发展战略，其战略目标是要促进经济社会发展的绿色低碳转型，再造以美国为中心的国际政治经济秩序。以北欧为代表的部分国家如瑞典、丹麦等在实施绿色能源计划方面走在世界前列。日本推进以向低碳经济转型为核心的绿色发展战略总体规划，力图把日本打造成全球第一个绿色低碳国家。韩国制定和实施低碳绿色增进的经济振兴国家战略，使韩国跻身全球"绿色大国"之列。尤其是在绿色新政席卷全球时，不仅美国而且英、德、法等主要发达国家，都企图引领世界绿色潮流。这些事实充分表明发展绿色经济、推进绿色低碳转型、实现绿色发展，是世界发展的新未来、新道路，已成为 21 世纪人类文明进步和经济社会发展的主旋律即绿色发展主旋律，标志着当今人类发展已经开启了迈向绿色经济发展新时代的新航程。

然而，历史发展不是一条直线，而是螺旋式上升的曲线。当今人类历史仍处在资本主义文明及工业文明占主导地位的时代，主要资本主义国家仍有很强的调整生产关系、分配关系和社会关系的能力和活力。因此，主要资本主义国家尤其是西方发达资本主义国家，在工业文明基本框架内对生态环境与绿色经济的认识，制定和实行生态环境保护、治理与生态建设政策、措施和行动，并发展绿色经济，来调节、

---

① 范·琼斯：《绿领经济》（胡晓姣、罗俏鹃、贾西贝译），北京：中信出版社，2010 年版，第 55 页。

缓解资本主义生态经济社会矛盾，力图走出工业文明发展全面异化危机即黑色发展困境。但是，正如一些学者所指出的，"事实的真相"则是到目前为止，西方发达资本主义国家所实施的绿色经济发展战略和自然生态环境治理与修复的思路与方案，主要是在工业文明基本框架内进行①，仍然没有根本触动工业文明也无法超越现存资本主义文明的黑色经济社会体系。这主要表现在两个方面：一是西方发达资本主义国家对内实行绿色资本主义的发展路线。目前西方发达国家主要是在不根本触动资本主义文明及工业文明黑色经济体系与发展模式的前提下，通过单纯的技术路线来治理、修复、改善自然生态环境，寻求自然生态环境和资本主义协调发展，缓解人与自然的尖锐矛盾，并在对高度现代化的工业文明重新塑造的基础上走有限的"生态化或绿色化转型发展道路"，即绿色发展道路，实践已经论证，这是不可能走出工业文明黑色危机的。今春欧洲大面积雾霾污染重返欧洲蓝天就是有力佐证。二是目前西方发达资本主义国家对外实行生态帝国主义政策，主要有3种形式：资源掠夺、污染输出和生态战争，使发达资本主义大多数踏上了生态帝国主义黑色之路，使西方发达国家的黑色发展道路与模式所付出的高昂生态环境成本即发生巨大黑色成本由发展中国家为他们"买单"。因此，我们从现实中可以看到，绿色资本主义和生态帝国主义的路线与实践不仅可以成功地改善资本主义国家国内的自然生态环境，缓解甚至能够度过"生存危机"，而且可以"在承担着创造后工业文明时代资本主义的'绿色经济增长'和'绿色政治合法性'新机遇的使命。"②

当今人类虽然正在迎来生态文明即绿色文明的黎明，但人类文明发展却是在迂回曲折中前进的。自2008年国际金融危机之后，先是美国实行"再工业化战略"，推进"制造业回归"。随后欧洲发达国家纷纷宣称要"再工业化"，不仅把包括绿色能源战略在内的绿色经济发展战略纳入经济复苏的轨道，而且还针对经济虚拟化、产业空心化，试图通过实施"再工业化战略"和"回归实体经济"，重塑日益衰落的工业文明生态缺位的黑色经济，重新走上工业文明增长的经济发展道路。这是向高度现代化的工业文明发展的回归，阻碍着人类文明发展迈向生态文明绿色经济发展新时代。

按照生态马克思主义经济学哲学观点，在资本主义文明及工业文明框架的范围

---

① 张孝德：《生态文明模式：中国的使命与抉择》，载《人民论坛》2010年第1期，第24～27页。
② 郇庆治："包容互鉴"：全球视野下的"社会主义生态文明"，载《当代世界与社会主义》2013年第2期，第14～22页。

内，是不可能从根本上走出工业文明发展全面异化危机即黑色危机的深渊。对此，连西方学者也认为：在资本主义文明及工业文明的"基本框架内对经济运行方式、政治体制、技术发展和价值观念所作的任何修补和完善，都只能暂时缓解人类的生存压力，而不可能从根本上解决困扰工业文明的生态危机。"[①]这就是说，绿色资本主义和生态帝国主义的推行会使全球自然生态、社会生态和人类生态的黑色危机越来越严重。这与20世纪90年代以来世界各国在工业文明框架内实施可持续发展一样，其结果是"20多年来的可持续发展，并没有有效遏制全球范围的环境与生态危机，危机反而越来越严重，越来越危及人类安全。"[②]因此，世界人民有理由把更多的目光集聚到社会主义中国，将开创工业文明黑色发展道路与模式转向生态文明绿色发展道路与模式，这一人类共同的绿色使命与历史任务寄托于中国建设社会主义生态文明。2011年在美国召开的生态文明国际论坛上有位美国学者说道："所有迹象表明，美国政府依然将在错误的道路上越走越远。""所有目光都聚到了中国。放眼全球，只有中国不仅可以，而且愿意在打破旧的发展模式、建立新的发展模式上有所作为。中国政府将生态文明纳入其发展指导原则中，这是实现生态经济所必需的，并使得其实现变为可能，是一个高瞻远瞩的规划。"[③]

3. 中国在当今世界已经率先拉开超越工业文明的社会主义生态文明绿色经济发展新时代的序幕，引领全人类朝着生态文明绿色经济形态与绿色发展模式的方向发展

我国改革开放以来，始终坚持保护环境和节约资源的基本国策，实施可持续发展战略，一些省市和地区实行"生态立省（市）、环境优先、发展与环境、生态与经济双赢"的战略方针。从发展生态农业、生态工业到建设生态省、生态城市、生态乡村；从坚持走生产发展、生活富裕、生态良好的文明发展道路，建设资源节约型、环境友好型经济社会，到发展绿色经济、循环经济、低碳经济；从大力推进生态文明建设到着力推进绿色发展、循环发展、低碳发展等，都取得了明显进展和积极成效。特别是党的十八大确立了社会主义生态文明科学理论，提出和规定了建设

---

① 转引自杨通进：《现代文明的生态转向》，重庆：重庆出版社，2007年版，总序第4页。
② 胡鞍钢：《中国：创新绿色发展》，北京：中国人民大学出版社，2012年版，第9页。
③ 《第五届生态文明国际论坛会议论文集（中英文）》，April 28-29，2011，Claremont，CA，USA，Fifth International Forum on Ecological Civilization：toward an Ecological Economics。

中国特色社会主义的两个"五位一体"[①]：建设中国特色社会主义"五位一体"总体目标，使中国特色社会主义道路的基本内涵更加丰富；建设中国特色社会主义"五位一体"总体布局，使中国特色社会主义的基本纲领更加完善。这不仅是奏响我们党"领导人民建设社会主义生态文明"（新党章语）的新乐章，而且标志着全国人民踏上社会主义生态文明绿色发展道路的新征途。因此，党的十八大明确提出"努力建设美丽中国"是社会主义生态文明建设的战略目标，即建设美丽中国首先是建设绿色中国，其中心环节就是走出一条生态文明绿色经济发展道路，构建绿色经济形态与发展模式。据此而言，党的十八大向全党全国人民发出的"努力走向社会主义生态文明新时代"的伟大号召，意味着中国特色社会主义文明发展要努力迈向生态文明绿色经济与绿色发展新时代。为此，《中共中央　国务院关于加快推进生态文明建设的意见》中又提出把经济社会绿色化作为生态文明建设与绿色发展的核心内容与基本途径，从而在当今世界率先开拓了从工业文明黑色发展道路与模式转向生态文明绿色发展道路与模式，使当下中国朝着生态文明绿色经济形态与发展模式的方向发展，努力成为成功走出工业文明的新型工业化道路、真正进入生态文明的绿色化发展道路的榜样国家。

当然，当今中国的客观现实还是一个加速实现工业化的发展中国家，刚走过发达国家100多年所走过的工业文明发展历程，成为以工业文明为主导形态的工业大国。在这几十年间，中国工业化、现代化道路的探索，尽管在一定程度上符合中国国情和实际情况，但仍然走的是工业文明黑色发展与黑色崛起道路，它在本质上是沿袭了西方发达资本主义文明所走过的高碳高熵高代价的工业文明——"先污染后治理、边污染边治理"的黑色发展道路。因此，我们"不得不承认，我们原先走在黑色发展和崛起的征途上，所以尽管我们即使按西方工业文明的标准未达到发展与崛起的程度，但是黑色发展和崛起的一切代价和后果我们都已尝到了。"[②]历史经验教训值得重视，党的十八大之前的20多年里，我们在没有根本触动刚刚形成的工业文明经济社会形态前提下，换言之，在工业文明基本框架内实施可持续发展战略、生态环境治理与修复，建设生态省市，走文明发展道路以及发展绿色经济等，是不可能有效遏制、克服工业文明黑色发展道路与模式的黑色效应，工业文明发展异化

---

① 刘思华：《生态马克思主义经济学原理》（修订版），北京：人民出版社，2014年版，第561～566页。
② 陈学明：《生态文明论》，重庆：重庆出版社，2008年版，第22页。

危机即黑色危机反而日益严重。它突出体现在 3 个方面[①]：一是当下中国自然生态恶化状况从总体上看，范围在扩大、程度在加深、危害在加重；二是城乡地区差距不断扩大、分配不公与物质财富占有的贫富悬殊已成常态；三是平民百姓生活质量相对变差等社会生态恶化，公众健康相对变差的国民人体生态恶化等，使得生态经济社会矛盾不断积累与日益突出甚至不同程度的激化，已成为建设美丽中国、全面建成小康社会的重大"瓶颈"，是实现绿色中国梦的最大桎梏。因此，我们必须正视当下中国"自然、人、社会"复合生态系统的客观现实，深刻认识与正确把握当今中国从工业文明黑色发展道路向生态文明绿色发展道路的全面转轨，从工业文明黑色发展模式向生态文明绿色发展模式的全面转型的必要性、迫切性、重要性与艰巨性。事实上，近年来，我国学术界有人为了所谓填补研究空白、标新立异，制造一些伪绿色发展论，不仅把西方主要发达国家说成是"深绿色发展国家"，掩盖当今资本主义国家工业文明发展全面恶化危机即黑色危机的客观现实；而且把处于"十面霾伏"的雾霾污染重灾区的京津冀、长三角、珠三角的一些城市界定为"高绿色城镇化"，这完全不符合客观事实的假命题，否定不了当下中国及城市自然生态危机仍在加深的严峻事实，动摇不了我国以壮士断腕的决心和信心，打好大气、水体、土壤污染的攻坚战和持久战。

所谓攻坚战和持久战，就在于当前国内外事实表明，大气、水体、土壤污染治理与修复已成为世界性的难题。而当今中国大气、水体、土壤污染日益严重，应当说是长期中国工业化、城市化黑色发展积累的必然恶果，是中国工业文明黑色发展道路与模式对自然生态损害的直观展示，是对中国过去 GDP 至上主义发展的严厉惩罚及严重警示。改革开放 30 多年，中国经济发展规模迅速扩大，快速成长为工业文明经济大国，这是世所罕见的。然而，它所付出的自然生态环境代价也是世所罕见的。当今世界上很少有国家像中国这样，以如此之高的激情加速折旧自己的生态环境未来，已经是世界头号污染排放大国，正如国内外学者所指出的，中国已经成为世界上最大的"黑猫"，"全球最大的生态'负债国'"[②]。目前中国生态足迹是生物承载力的两倍，生态系统整体生态服务功能不断退化，生态赤字还在扩大。中

① 刘思华：《论新型工业化、城镇化道路的生态化转型发展》，载《毛泽东邓小平理论研究》2013 年第 7 期，第 8～13 页。

② 卢映西：《出口导向型发展战略已不可持续——全球经济危机背景下的理论反思》，载《海派经济学》2009 年第 26 辑，第 81 页。

国生态系统的生态负荷已达到临界状态，一些资源与环境容量已达支撑极限，经济社会发展是依靠"环境透支"与"生态赤字"来维持。因而，生态赤字不断扩大，生态（包括资源环境）承载力日益下降，在大中城市尤其是大城市十分突出，如上海市人均生态足迹是人均生态承载力的 46 倍，广州市为 31 倍，北京市为 26 倍。在存在生态赤字的国家中，日本是 8 倍，其他国家均在 2～3 倍，中国大城市特大城市普遍存在巨大的生态赤字，都面临比其他国家更为严峻的自然生态危机①。由此要进一步指出，目前全国 600 多个大中城市，特别是大城市，其高速发展不仅正在遭遇各种环境污染，如水、土、气三大污染之困，而且正在遭遇"垃圾围城"之痛，有 2/3 的城市陷入垃圾的包围之中，有 1/4 的城市已没有适合场所堆放垃圾，从而加剧了城市生态系统的黑色危机。近日有学者发文认为，"中国城镇化离绿色发展要求的内涵、绿色发展的模式相去甚远"，"中国的绿色发展目标尚未实现"②。这就是说，迄今为止，我国还没有一个大中城市真正走入按照社会主义生态文明的本质属性与实践指向所要求的生态文明绿色城市的门槛，这是不容争辩的客观事实。

综上所述，无论当今世界还是今日中国，生态足迹不断增加，生态赤字日益扩大，这是自然生态危机的核心问题与根本表现。而当下中国各类环境污染呈现高发态势，已成民生之患、民心之痛、发展之殇；生态赤字与生态资本短缺仍在加重，使我国进入生态"还债"高发期，良好的自然生态环境已经成为最为短缺的生活要素、生产要素及生存发展要素。这就决定了生态环境问题是严重制约中国生态经济社会有机整体、全面和谐协调可持续发展的最短板，是建设美丽中国、实现绿色中国梦的最大阻碍，是中国绿色发展与绿色崛起面临的最大挑战与绿色压力。因此，我们要直面这一严峻现实，必须也应当摆脱与摒弃过去所走过的工业文明高碳高熵高代价的黑色发展道路，与工业文明黑色发展模式彻底决裂，积极探索生态文明低碳低熵低代价的绿色发展道路及发展模式，使中国特色社会主义文明发展尽早实现从工业文明黑色发展道路与模式向生态文明绿色发展道路与模式的根本转变，成功地建成生态文明绿色强国。

---

① 齐明珠、李月：《北京市城市发展与生态赤字的国内外比较研究》，载《北京社会科学》2013 年第 3 期，第 128～134 页。

② 庄贵阳、谢海生：《破解资源环境约束的城镇化转型路径研究》，载《中国地质大学学报（社科版）》2015 年第 2 期，第 1～10 页。

五、关于"绿色经济与绿色发展丛书"的几点说明

"绿色经济与绿色发展丛书"是目前世界和中国规模最大的绿色社会科学研究与出版工程，覆盖数十个社会科学学科和自然科学学科，是现代经济理论与发展思想学科群绿色化的开篇，故不得不说明几点：

（1）"丛书"站在中国特色社会主义文明从工业文明走向生态文明的文明形态创新、经济社会形态创新、经济发展模式及发展方式创新的新高度，不仅探讨了中国社会主义经济的发展道路、发展战略、发展模式和发展体制机制等生态变革与绿色创新转型即生态化、绿色化发展，而且提出了从国民经济各部门、各行业到经济社会发展各领域等方面，都要朝着生态化、绿色化方向发展。为建设社会主义生态文明和美丽中国，实现把我国建成绿色经济富国、绿色发展强国的绿色中国梦，提供新的科学依据、理论基础和实践框架及路径。

（2）"丛书"力争出版 45 部，涉及学科很多、内容广泛，理论与实践问题研究较多，大致可以归纳为 4 个方面：一是深化生态文明和绿色经济与绿色发展的马克思主义基础理论研究；二是若干重大宏观绿色化问题研究；三是主要领域、重要产业与行业发展绿色化问题研究；四是微观绿色化问题研究。因此，整部"丛书"是以建设生态文明为价值取向，以发展绿色经济为主题，以推进绿色发展为主线，比较全面、系统地探讨生态经济社会及各领域、国民经济各部门、各行业与其微观基础的绿色经济与绿色发展理论和实践问题；向世界发出"中国声音"，展示中国的绿色经济发展理论与实践的双重探索与双重创新。

（3）"丛书"是新兴、交叉学科群绿色化多卷本著作，必然涉及整个经济理论与发展学说和马克思主义的基本原理与重要的基本理论问题，并涉及众多的非常重要的现实的前沿话题，难度很大，有些认识还只能是理论的假设与推理，而作者和主编的多学科知识和理论水平又很有限，因而"丛书"作为学科群绿色化的开篇，很难说是一个十分让人满意的开头，只能是给读者和研究者提供一个学术平台继续深入探讨，共同迎接绿色经济理论与绿色发展学说的繁荣与发展。

（4）"丛书"把西方世界最早研究生态文明的专家——美国的罗伊·莫里森所著的《生态民主》译成中文出版。《生态民主》一书于 1995 年出版英文版，至今已有 20 年了，中国学界和出版界却无人做这项引进工作，出版中译本。近几年来，在我国研究生态文明的热潮中，很多论文和著作都提到《生态民主》一书，尤其我

国权威媒体记者多次采访莫里森，使这本书在中国有较大影响。然而，众多研究者介绍本书时都没有具体内容，既没有看英文版原版，又无中译本可读，只是相互转抄、添油加醋，就产生了一些学术误传，不利于正确认识世界生态文明思想发展史，更不能正确认识中国马克思主义生态文明理论发展史。因此，笔者下决心请刘仁胜博士译成中文，由中国环境出版社出版，与中国学者见面。在此，我要强调指出的是莫里森先生所写中译本序言和该书一些基本观点，并不代表我作为"丛书"主编的观点，我们出版中译本是表明学术思想的开放性、包容性，为中国学者深入研究生态文明提供思想资料与学术空间，推动社会主义生态文明理论与实践研究不断创新发展。

（5）"丛书"的作者们在梳理前人和他人一些与本领域有关的思想材料、引用观点时，都尽可能将原文在脚注和参考文献中一一列出，也有可能被遗漏，在此深表歉意，请原著者见谅。在此，我们还要指出的是，"丛书"是"十二五"国家重点图书出版规划项目，多数书稿经历了四五年时间才完稿，有的书稿所引用的观点和材料是符合当时实际的。党的十八大后，党和政府对市场经济发展进程中出现的某些经济社会问题，认真地进行治理并有所好转，但在出版时对书稿中过去的材料未作改动，把它作为历史记录保留在书中，特此说明。总之，"丛书"值得商榷之处一定不少，缺点甚至错误在所难免，故热切盼望得到专家指教和广大读者指正。

刘思华

2015 年 7 月

目　录

Contents

第 1 章

绪　论

　　社区建设是一个国家社会整体建设的重要部分，社区建设与发展离不开生态文明建设和绿色发展，我国的生态文明建设和绿色发展对接到人类安身立命、生活栖息的基本单元——社区建设与发展上，就是要建设绿色社区，因此，绿色社区是生态文明和绿色发展落地生根的基点。绿色社区是人类对其安身立命、生活栖息场所的美好愿景，更是社会主义社会社区建设发展的规律性指引的发展方向。深入探讨绿色社区的理论与实践，具有重要的学理价值与实践意义。洞察建设绿色社区的根由、阐释建设绿色社区的意义、明瞭我国建设绿色社区的机遇与挑战，有利于我国社区建设实现"自然—人—社会"共存共生共荣和谐发展，提升国家生态文明建设和绿色发展水平。

1.1　建设绿色社区的根由

　　建设绿色社区的根由是当下中国的社区建设首先亟待回答的问题。对建设绿色社区根由的探寻，不仅要审视社区自身内在规律，总结社区建设实践自身的经验教训，更要审视人类社会的时代发展轨迹和文明形态的演进，遵循生态经济社会发展的基本规律。众多的社区单元构成一个现实的社会，社会主义生态文明社会的建成，践行绿色发展道路，必须以绿色社区的建成为前提，只有每一个社区都实现了绿色发展，整个社会的绿色发展才能实现。因此，绿色社区是社会主义生态文明社会的

1

现实形态，建设绿色社区是对建设社会主义生态文明社会的回应。建设绿色社区的根由，可以从建设绿色社区的时代背景、现实依据、历史借鉴、实践基础等方面进行阐释。

1.1.1　建设绿色社区的时代背景

当代世界，和平与发展是时代主题。发展是时代主题之一，是人类实践的基本追求。发展的时代轨迹、文明形态在与"自然—人—社会"关系的互动演变中，经历了渔猎时代、农耕时代、工业时代，当下正在经历着后工业时代（或称之为信息时代）。在渔猎时代，人类经历了原始文明，人们敬畏自然；在农耕时代，人类经历了农业文明，人们顺应自然；在工业时代，人类经历着工业文明，人们改造和征服自然。工业文明使得科技与生产力迅猛发展，一方面赋予了人类巨大的开发与利用大自然的能力；另一方面，也使得人们养成了"人类中心""人是自然之主"的工业文明观。基于这种文明观所建立的人类价值观、伦理观、发展观、消费观等观念，使得人类在"自然—人—社会"关系上陷入误区：人类以满足人的不断膨胀的物欲为导向，对自然界进行恣意的、掠夺式的开发，从而把人与自然的关系推向尖锐对立——环境污染、资源枯竭、物种减少、土地沙化、温室效应等一系列全球性问题不断涌现。这种恶化了的人与自然关系，最终又演化为人与社会之间、人与人之间、人与自身之间关系的失调，困扰并威胁着人类的生存与发展。"我们不要过分陶醉于我们对自然界的胜利。对于每一次这样的胜利，自然界都报复了我们。"[①]正如本书总序中刘思华先生所言：工业文明发展的一切辉煌成就的取得，都是以自然、人、社会的巨大损害为代价，尤其是以毁灭自然生态环境为代价的。工业革命改变了整个世界——自然界、人类社会和人的思维。工业革命在带给人类日益繁荣的经济的同时，也带给人类日益严重的自然生态危机、社会危机和人的发展危机。

在后工业时代（或信息时代），现实的人类生存和发展的困境、人类对幸福生活的期待，促使人们开始对工业文明及其黑色发展方式进行批判性反思，以期走出黑色工业文明时代"自然—人—社会"关系上的困境。这种批判性反思的成果，就

---

① 恩格斯：《自然辩证法》，载《马克思恩格斯选集》（第4卷），北京：人民出版社，1995年版，第383页。

是人类社会一种新的社会文明形态和发展方式的催生——生态文明形态与绿色发展。基于生态文明与绿色发展的基本要求，人的世界观、人生观、价值观、伦理观、消费观等得以重塑，经济、政治、文化、社会制度得以重建，经济社会发展道路得以新开拓，最终必然重建自然、人、社会有机体间的关系，实现生态经济社会有机体全面协调发展，"自然—人—社会"全面和谐相处。

　　生态文明作为一种全新的文明形态，"是自然生态和社会经济有机体整体的整体性、综合性的概念。……其本源是生产力、生产关系（经济基础）、上层建筑有机统一体。"①生态文明的基本含义应该是指基于"人与自然、人与人、人与社会、人与自身和谐共生共荣为宗旨的伦理、规范、原则和方式途径等成果的总和，是以实现生态经济社会有机体全面和谐协调发展为基本内容"②的社会文明形态。生态文明是对工业文明的扬弃，是工业文明的绿色转型新范式。从伦理价值基础层面看，工业文明奠基于功利主义，生态文明奠基于对自然、人的尊重，张扬的是生态公正和社会公正；从文明所追求的目标层面看，工业文明追求的是利润最大化的经济效率，生态文明则寻求经济效率（利润最大化）、生态效率（自然和谐）、社会效率（社会和谐）的统一。从技术手段的功能维度看，工业文明鼓励技术创新而更大规模地获得利润和经济效率，生态文明下的技术创新则更加专注于人的健康生活、人生活的品质和生态环境的可持续。从社会进步和经济发展的测度层面看，工业文明的测度是 GDP，生态文明的测度则应该是绿色 GDP（其基本指标应包含着环保、低碳、资源的保护与再利用、社会和谐、人的健康生活等基本要素）。

　　基于生态文明的根本要求，人类经济社会发展必须实现绿色发展。360 百科认为：绿色发展是"在传统发展基础上的一种模式创新"，"是建立在生态环境容量和资源承载力的约束条件下，将环境保护作为实现可持续发展重要支柱的一种新型发展模式"，是"以效率、和谐、持续为目标的经济增长和社会发展方式"，是"将环境资源作为社会经济发展的内在要素""把实现经济、社会和环境的可持续发展作为绿色发展的目标""把经济活动过程和结果的'绿色化''生态化'作为绿色发展的主要内容和途径。"③本书认为，绿色发展不是对应于工业文明黑色发展模式下的经济发展、政治发展、文化发展、社会发展的概念，而是作为一种基于生态文明

① 刘思华：《生态马克思主义经济学原理（修订版）》，北京：人民出版社，2014 年版，修订版前言第 6 页。
② 刘思华：《生态马克思主义经济学原理（修订版）》，北京：人民出版社，2014 年版，修订版前言第 7 页。
③ 《绿色发展》，360 百科：http://baike.so.com/doc/5682318-5894995.html。

基本诉求下的"自然—人—社会"共存共生共荣、以实现生态经济社会有机体全面和谐协调发展为基本内容的新的经济社会发展模式。

生态文明建设与绿色发展，成为绿色社区建设的文明形态的依存与发展模式的选择。发展是硬道理，"硬发展"[①]没有道理。在生态文明视域下，人类经济社会的发展必须实现从工业文明时代的黑色发展转型为生态文明时代的绿色发展。社区是人类安身立命、生活栖息的基本单元，社区建设与发展是一个国家和社会建设与发展最基本的单元之一，在生态文明视域下，社区建设与发展的指向也一定是对工业文明时代社区建设、发展的扬弃，实现社区建设发展的绿色转型——绿色社区。

1.1.2　建设绿色社区的现实依据

自改革开放以来，中国经济增长的幅度和速度创造了人类历史上空前的经济发展奇迹，在 30 余年里保持了年均 9.8%的 GDP 增长速度，由 1978 年的第 10 位一跃成为世界第二大经济体，使 13 亿多人口的社会主义中国阔步进入工业化中后期阶段的工业社会，中华民族历史上经济实力最迅猛的提升，创造了世界经济发展史和世界工业文明发展史上的人间奇迹，世人称之为"中国模式"。

然而，"物质资源投入多、物质产品产出多、废弃物排放多，是工业文明时代物质生产力发展的一条内在规律，是工业文明发展模式的一个铁的法则。"[②] 伴随着中国从经济弱国走向生产和消费大国，中国必然成为资源环境消耗大国、污染物排放大国。中国以全球最多的人口，创造了人类史上的经济和社会发展奇迹，并且正在经历着史无前例的、最大规模的工业化和城市化进程。同时，客观上其对国内外的自然资源需求也在以人类史上前所未有的方式增长，成为世界资源消耗和污染排放大国，对全球的资源和环境产生巨大的压力和负面影响。改革开放以来形成的经济发展"中国模式"具有"高投入、高消耗、高排放、低产出"的反文明（反自然、反社会、反人类）特性，正如党的十七大报告所言：我国的"经济增长的资源环境代价过大"。中南财经政法大学方时姣教授把这个"代价"的含义概括为以下 3 个方面：[③]

---

① 本书中的"硬发展"，指的是基于工业文明时代的黑色发展。
② 方时姣：《最低代价生态内生经济发展》，北京：中国财政经济出版社，2011 年版，第 2 页。
③ 方时姣：《最低代价生态内生经济发展》，北京：中国财政经济出版社，2011 年版，第 3~5 页。

代价之一：从自然生态环境方面看，自然生态代价表现为环境污染与恶化、生态破坏与失调、自然资源浪费与枯竭、生态系统整体生态服务功能退化与丧失等。中国是世界上最大的能源消费国，2014 年，"中国一次能源消费为 $2\,972.1 \times 10^6$ t 油当量，占世界一次能源消费的 23%和全球净增长的 61%"。"中国 CO_2 排放量为 $9\,761.1 \times 10^6$ t，占世界 CO_2 排放量的 27.5%"。[①] 2014 年，环境保护部和国土资源部发布了《全国土壤污染状况调查公报》。调查结果显示，全国土壤环境状况总体不容乐观，部分地区土壤污染较重，耕地土壤环境质量堪忧，工矿业废弃地土壤环境问题突出。"全国土壤总的点位超标率为 16.1%，其中轻微、轻度、中度和重度污染点位比例分别为 11.2%、2.3%、1.5%和 1.1%。从土地利用类型看，耕地、林地、草地土壤点位超标率分别为 19.4%、10.0%、10.4%。其中，耕地点位超标率为 19.4%，超过全国平均点位超标率 3.3%，在点位超标的耕地中，轻微、轻度、中度和重度污染点位比例分别为 13.7%、2.8%、1.8%和 1.1%。"[②] 土壤污染严重影响农产品产量和质量，长期食用受污染的农产品可能严重危害身体健康，危害人居环境安全，威胁生态环境安全。

代价之二：从人的健康、幸福与发展层面看，人的代价表现为以牺牲人自身发展与全面发展换取经济高速增长与物质财富迅速增加，社会生产力的发展和人自身生产力发展尖锐对立。1978—2014 年我国城镇登记失业人口总量不断增加，由 1978 年的 530 万人急剧增加到 2014 年的 952 万人，增长率达 17.9%[③]。中国人均健康寿命为 62.3 岁，排在世界第 81 位。根据 2006 年全国 10 个主要城市居民的营养与健康现状调查，15%人口属于非健康，70%人口属于亚健康，居民非健康、亚健康现象相当普遍。传染病呈现快速上升势头，对人口安全造成重大威胁。2008 年，艾滋病发病率、死亡率分别为 0.76/10 万人、0.41/10 万人，病死率为 53.57%；肺结核发病率、死亡率分别为 88.52/10 万人、0.21/10 万人，病死率为 0.24%；目前，全国乙肝病人和病毒携带者约 1.2 亿，占世界总数的 1/3，居世界第一，患结核病人数达 500 万人，占全球的 1/4，居世界第二；2008 年，我国患有血吸虫病的县为 450 个，流行

[①] 2015 年《BP 世界能源统计年鉴》中国数据汇总，中国煤炭资源网，http://www.sxcoal.com/qhcoal/ 4178667/articlenew.html.

[②] 《全国土壤污染状况调查公报》，中华人民共和国环境保护部网站，http://www.zhb.gov.cn/gkml/hbb/qt/ 201404/W020140417558995804588.pdf.

[③] 数据依据中华人民共和国国家统计局发表的 1978—2015 年《中国统计年鉴》整理而来。

村的人口数达 6 781.1 万，全国有血吸虫病人 41.3 万，发病率为 0.22/10 万人。①

代价之三：从社会发展层面看，社会代价包括无发展的增长、通货膨胀、贫富悬殊、失业等经济代价，腐败、规范的缺失等政治方面的代价，价值偏执、精神失落、道德滑坡、信仰丧失等文化代价，道德领域日益严重的信仰迷失、诚信缺失、信心失落的"三信"问题使得许多人精神家园严重荒芜，沦为所谓的"单向度的人"。工业文明社会以资源耗竭和过度依赖化石燃料为特征的"黑色"发展导致了经济、政治、文化、社会、生态诸领域的种种严重问题，它使人类社会的发展步履维艰，人类必须寻求一条绿色发展之路。自 2008 年爆发的全球经济衰退以来，为了应对经济、政治、文化、社会、生态诸领域的多重挑战，联合国环境规划署于 2008 年发起了绿色经济倡议，旨在通过绿色投资等推动世界产业革命、发展经济和减贫等，希望全球领导者与国家政策制定者高度关注绿色投资对经济增长、增加就业和减贫的贡献，并将之贯穿于日常决策之中。在 2009 年伦敦 G20 峰会上，全球领导人也达成了"包容、绿色以及可持续性的经济复苏"共识。此后，世界各个国家和组织纷纷提出诸如绿色增长战略、建设绿色社会、加强绿色投资、开展绿色行动计划等绿色发展战略，推动绿色发展，将绿色发展作为提升国家竞争力并抢占全球制高点和领先地位的重要途径。

中国作为一个具有悠久历史的文明古国，其发展经历了由盛而衰、由衰而盛的历程。1949 年新中国成立，中国人民在中国共产党的领导下，推翻了帝国主义、封建主义和官僚资本主义"三座大山"的统治和压迫，实现了民族独立、人民解放，完成了中国近代以来中国人民所要完成的第一个历史任务。1949 年以来，特别是 1956 年社会主义制度建立以来，中国人民在中国共产党的领导下，正在为实现国家富强、民族振兴、人民幸福这一近代以来中国人民所要完成的第二个历史任务而奋斗。要实现以"国家富强、民族振兴、人民幸福"为核心内容的伟大中国梦，就必须建设社会主义生态文明，实现国家经济社会的绿色发展。当下中国的发展，同样也面临着这三大危机的困扰，要破解这三大危机，就必须厚植"创新发展、科学发展、绿色发展、开放发展、共享发展"理念，着力推进社会主义生态文明建设，实现绿色发展。

同样，工业文明社会中社区发展呈现的诸多问题呼唤社区的绿色发展。1976

---

① 汤兆云：《应对人口风险，创造健康和谐社会》，2010 年 2 月 12 日《光明日报》第 11 版。

年召开的联合国首届人居大会提出了"以持续发展的方式提供住房、基础设施和服务"的目标，并提出了"反映可持续发展原则的人类住区政策建议"以及"持续性住区"发展的规划、设计、建造和管理模式的具体建议。1992 年联合国环境与发展大会通过的《21 世纪议程》专门论述了"促进人类住区的可持续发展"，并针对改善住区规划和管理、综合提供环境基础设施、促进住区可持续发展的能源和运输系统等问题制定了行动依据、目标、活动以及实施手段。中国政府于 1994 年发布的《中国 21 世纪议程——人口、环境与发展白皮书》提出，人类住区发展的目标是促进其可持续发展，规划布局合理、环境清洁、优美、安静、居住条件舒适。1996年召开的"联合国第二次人居大会"签署了《人居环境议程：目标和原则、承诺和全球行动》，提出了两个具有全球性重要意义的主题："人人享有适当的住房"以及"城市化进程中人类住区的可持续发展"。2001 年召开的"伊斯坦布尔+5"人居特别联大会议指出，解决人类住区的必由之路是走可持续发展道路，人类住区的发展应当与资源开发利用和环境保护相适应，应利用先进的科学技术成果与手段建设人类住区。绿色社区建设则是对解决这一问题的强有力的回应。

　　社区建设发展的基本规律体现为"自然—人—社会"间的共存、共生、共荣与和谐，基本要求是关爱自然生态、社会生态、人自身生态的发展，而这却是工业文明黑色发展模式下无法破解的问题。因而它就成为当下社区建设实践中提出的新问题。社区的绿色发展是区域、国家乃至全球绿色发展的基础。社区是社会的基本组成单元，社区的绿色发展是区域、国家乃至全球绿色发展的基础。全球和区域资源环境的压力需要建设和发展绿色社区。我们面临的生态环境问题有些是区域性的、有些是全国性的、有些是全球性的，但都与我们居住、工作和生活的社区密切相关。社区居民的生活与行动与自然间的关系、社区居民与社会间的关系，社区内居民间的关系、居民与其自身间的关系，是社区建设所要解决的核心问题，也是区域、国家乃至全球绿色发展所要解决的核心问题。

1.1.3　建设绿色社区的历史借鉴

　　17 世纪以来，随着工业革命的推进，人类工业文明的进程也高歌猛进，黑色发展模式成为发达国家过去的主流发展模式，也成为当下追赶型发展国家纷纷仿效的发展模式。黑色工业文明在"自然—人—社会"关系的认识和处理上，信奉"人为自然立法","人类保护自然是为了自己",认为资源是无限的,环境是无价的,生态是恒定的,人和自然间关系是征服和被征服、利用和被利用的关系,人定胜天成为工业文明时代人类应对自然的主流态度。人类在"天—人"关系上的过度自信与任性,必然招致自然界和自然生态的无情报复。20世纪30—60年代,人类社会发生了著名的"八大公害"事件,见表1-1。

表1-1 20世纪30—60年代世界著名的八大公害

序号	年份	国家	事件名称
1	1930	比利时	马斯河谷烟雾事件
2	1931	日本	富山县骨痛病事件
3	1943	美国	洛杉矶光化学污染事件
4	1948	美国	多诺拉烟雾事件
5	1952	英国	伦敦烟雾事件
6	1956	日本	水俣病事件
7	1961	日本	四日市哮喘病事件
8	1968	日本	北九州米糠油事件

与此同时,全球性的十大生态环境危机也开始出现:①温室效应。由于人类大量排放诸如甲烷、二氧化碳等温室气体,地球气温持续升高,导致土地荒漠化扩大、旱涝灾害加重、海平面升高,破坏地球自然生态环境,给人类生存和发展带来严重的自然生态危机。②臭氧层破坏。人类大量使用的冷冻剂、消毒剂、起泡剂、灭火剂等化学物品,以及大量化石燃料的燃烧,导致向大气中排放大量的氟氯烃等气体,从而使臭氧层中的臭氧被破坏,太阳光紫外线直接照射地球,最终给人类带来多种疾病,使自然生态系统发生重大变异。③酸雨。酸雨是大气污染后产生的酸性沉降物,它主要是由工业生产、居民生活燃烧煤炭排放出来的 SO_2,燃烧石油以及汽车尾气排放出来的氮氧化合物,经过"云内成雨"和"云下冲刷"过程,形成酸雨。它的危害是:损害人的健康、使土壤和水体酸化、腐蚀基础设施、破坏浮游生物,进而导致生物链的裂变。④大气污染。人类为追求无度的贪欲而开始生产和消费,产生的大量废物、废气、重金属等污染物,使得全球空气污染达到了前所未有的严重程度,危及自然界生物和人类自身的生存和健康。2011年9月7日英国《卫报》网站报道,据欧洲空气质量研究报告称,空气污染导致欧洲每年有50万人提前死亡,全欧洲用于处理空气污染的费用高达每年7 900亿欧元。2014年11月19日西

班牙《阿贝赛报》报道,欧洲环境署公布的空气质量年度报告显示,空气污染问题造成欧洲每年大约45万人过早死亡。其中,约有43万人的死因是生活在充满$PM_{2.5}$微粒的环境中。2014年4月初,英国环境部门监测到伦敦空气污染达10级,是1952年以来最严重的,引发了全国逾162万人哮喘病发。[①] ⑤水污染。由于人类在生产、消费过程中产生大量的又未经处理而直接排放到自然界的工业废水、生活污水和医院污水等,导致大量的污染物质不能被水体的自净能力所净化,从而使水体含有大量的有毒有害物质,危害人类健康,破坏生态系统,使得生产减产。现在,全球有80多个国家、数十亿人口缺少水资源,28亿人口无法饮用清洁的饮用水,每年因水质问题而引发死亡的人数达到了340万人。[②] ⑥固体废物。人类在生产和生活中产生大量的工业废弃物和生活废弃物,侵占大量土地,污染土地地质、地下水、大气传播疾病等,破坏人类生存发展的环境和自然生态。⑦资源能源短缺。由于人类对资源能源的掠夺性开发和低效率使用,资源能源已不能满足人类生存和发展的需要,目前,不可再生的资源和能源已经面临枯竭的危险。⑧生物多样性减少。由于人类任性的破坏性的行动,使得生态环境破坏,生物资源衰退惊人、灭绝的速度越来越快。⑨森林锐减。由于人类过度地开采森林、开山毁林、森林火灾,全球森林面积大为减少,使得水土流失严重、生物多样性减少,净化空气能力下降。⑩土地沙漠化。由于人类行为对自然界植被的破坏、对森林的乱砍滥伐、对草原的过度放牧,打乱了自然界土壤的水分循环,气候出现干旱、土地出现松散的流沙沉积。据中国生态安全报告统计,全世界土地生态系统退化现象非常恶劣,每年将近有250亿t水土濒临流失状态,全世界1/4的土地受到沙漠化威胁,人类赖以生存的土地资源遭到了极大的破坏。

上述事例证明:工业文明发展的一切辉煌成就的取得,都是以自然、人、社会的巨大损害为代价,尤其是以毁灭自然生态环境为代价。自1980年人类经济社会活动对自然生态的需求首次突破极限形成"过冲"以来,"人类生活中的大自然的生态赤字不断扩大,人类在许多方面已经超出了地球的承载能力之外,已经超越了极限,世界经济的发展已经处于不可持续的状况。"[③] 有专家据2010年《地球生命

---

① 戴军:《英国:"霾害根除"还只是个传说》,2015年3月22日《光明日报》第11版。
② 贺培育:《中国生态安全报告》,北京:红旗出版社,2006年版,第6~9页。
③ [美]德内拉·梅多斯、乔根·兰德斯、丹尼斯·梅多斯:《增长的极限》(李涛、王志勇译)。北京:机械工业出版社,1992年版,序言第1页。

力报告》和《中国生态足迹报告 2010》指出，如果继续以超出地球资源极限的方式生活，到 2030 年，人类"将需要两个地球来满足需求。"① 这足以说明工业文明黑色发展确实是一种征服自然、掠夺自然、不惜以牺牲自然生态来换取经济发展的黑色发展道路，使"今天世界上的每一个自然系统都在走向衰落。"②

人类进入 21 世纪，生态赤字继续扩大，自然生态危机及黑色发展危机日益加深，对此，《自然》杂志发文说："地球生态系统将很快进入不可逆转的崩溃状态。"③ 当今世界系统运行依靠"环境透支""生态赤字"来维持，世界各国都绑在工业文明黑色发展之舟上航行。用联合国环境规划署 2012 年 6 月 6 日在北京发布全球环境发展报告来说，当今世界仍沿着一条不可持续之路加速前行，也就是人类仍在继续沿着工业文明黑色发展道路加速前行。

大量的生态危机问题又引致大量的全球性、区域性、地域性的经济社会难题，诸如宗教和文化民族冲突与战争、专制政权、毒品与走私、艾滋病、人性的异化、道德沦丧、贫富分化等问题。这些问题相互联系、交织，开始形成危及人类的毁灭性力量。工业文明形态下的不可持续的畸形发展模式和消费模式，使人类生存与发展面临严峻的挑战。

目前，从全球范围来看，"还没有一个国家真正迈入了'绿色国家的门槛'"④，中国也不例外。作为人类生产和生活的基本单元——社区，其建设和发展要规避工业文明形态下的生态风险和危机，正确处理"自然—人—社会"间的关系，实现"自然—人—社会（区）"和谐相处、共存共生共荣、永续发展，工业文明进程中的生态危机及其风险，为绿色社区建设提供了历史借鉴。

1.1.4 建设绿色社区的实践基础

中国建设绿色社区的实践，既源于对人类的工业化进程造成自然资源迅速枯竭、生态环境日趋恶化，直接或间接威胁到人类的生存和发展的反思，也是因对传统工业文明的追求与自然资源供给能力和生态环境承载能力的矛盾日益尖锐这一

---

① 王彦鑫：《生态城市建设：理论与实证》，北京：中国致公出版社，2011 年版，第 172 页。
② [美]保罗·替肯：《商业生态学》，上海：上海译文出版社，2001 年版，第 26 页。
③ 详见 2012 年 7 月 28 日《参考消息》第 7 版。
④ 杨多贵、高飞鹏：《绿色发展道路的理论解析》，载《科学管理研究》2000 年第 5 期，第 20～23 页。

现实而进行的实践创新。改革开放以来，特别是党的十八大以来，为了应对工业文明形态下的黑色发展模式所带来的种种弊端，我国人民在党和政府的领导下，大力推进社会主义生态文明建设和绿色发展模式，为绿色社区建设夯实了坚实的实践基础。

早在 20 世纪，中国就开始了创建环保示范社区的实践。1993 年在上海市环保局的倡议下，上海市开展了创建环保特色里委的试点活动，自 1996 年起，北京、杭州等地开展了创建"环保示范小区"活动。环保示范社区的创建活动，有效地发挥了社区作为环保宣传教育重要阵地的作用，促进了社区环境问题的解决，提高了居民生活环境质量，体现了人与环境、环境与社会、经济协调发展、和谐相处。随着国际社会"绿色即环保"理念的提出与普及，我国社区环保创建活动发展为绿色社区创建活动。

2001 年中共中央宣传部、国家环保总局、教育部联合颁布的《2001—2005 年全国环境宣传教育工作纲要》（以下简称《纲要》），第一次在国家层面的文件上提出创建绿色社区活动。《纲要》强调要把绿色社区的创建活动逐步纳入文明社区建设和精神文明建设的总体目标之中。《纲要》提出创建绿色社区的任务是：努力将保护环境、合理利用与节约资源的意识和行动渗透到公众日常生活之中。倡导符合绿色文明的生活习惯、消费观念和环境价值观念。《纲要》提出了"十五"期间创建绿色社区工作的范围和要求：在 47 个环境保护重点城市逐步开展创建绿色社区活动，培养公众良好的环境伦理道德规范，促进良好社会风尚形成。《纲要》规定了绿色社区的基本标准：有健全的环境管理和监督体系；有完备的垃圾分类回收系统；有节水、节能和生活污水资源举措；有一定的环境文化氛围；社区环境要安宁，清洁优美。我国绿色社区创建活动，集中了可持续发展、以人为本、循环经济、资源节约、环境友好、绿色消费、公众参与等当代先进理念。

2001 年国家环保总局在"十五"期间国家环保模范城市考核指标体系中增加了绿色社区等创建活动内容。2003 年世界环境日，全国妇联和国家环保总局发表联合倡议书，提出开展"绿色家庭"创建活动，以后两个部门联合下发一些文件，组织绿色家庭宣传和评比活动的开展，绿色家庭逐步成为绿色社区创建活动的有机组成部分。2004 年 6 月 5 日"世界环境日"，国家环保总局联合全国妇联举办"全国绿色社区创建活动启动仪式暨绿色家庭现场演示会"，并首次颁布了全国统一的绿色社区标志，启动全国绿色社区创建工作。①

2004 年 7 月 14 日，国家环保总局颁布了《关于进一步开展"绿色社区"创建活动的通知》（见附录 1），要求各级环保部门应将绿色社区创建活动作为推进公众参与环境保护的有力措施，纳入工作计划，统一安排。该通知颁布了《全国"绿色社区"创建指南（试行）》（见附录 1 的附件 2），规定了绿色社区创建的组织、领导、执行机构和详细的创建计划。为了加强对全国绿色社区建设的领导，国家环保总局成立绿色社区创建指导委员会，由时任副局长潘岳担任主任，部内主要司局负责人作为成员，下设办公室，设在国家环保总局宣教中心，大力推行"绿色社区"创建活动。该通知决定从 2005 年起，每两年对活动中取得显著成效的绿色社区、表现突出的单位和个人进行表彰。

2005 年 4 月 8 日，国家环境保护总局办公厅发出《关于推荐表彰 2005 年全国绿色社区有关工作的通知》（见附录 2），5 月 31 日，国家环境保护总局颁发《关于表彰 2005 年全国绿色社区创建活动先进社区、优秀组织单位及先进个人的决定》，对全国 112 个全国绿色社区创建活动先进社区给予表彰。2007 年 5 月 15 日，国家环境保护总局颁发《关于表彰第二批全国"绿色社区"创建活动先进单位和个人的决定》，对全国 124 个绿色社区创建活动先进社区给予表彰。截至 2007 年 7 月，全国已有国家表彰绿色社区 236 个，省级绿色社区 2 168 个，地市级绿色社区 3 266 个，全国各级绿色社区共计 9 367 个。

国家环境保护总局通过不断加强对全国绿色社区创建活动的指导，制定更新有关指导文件和管理办法，健全各级管理网络，重视地方绿色社区主管部门的能力建设，组织和推进全国绿色社区创建活动，形成良好平稳的发展态势。2007 年以后，开展绿色社区创建活动的城市不再局限于环保重点城市，已发展到其他中小城市。

2009 年以后，绿色社区的创建与评选由各省、直辖市、自治区自行开展工作。全国绿色社区创建与评选工作重点转向为美丽乡镇和全国文明城市建设。

1.2 建设绿色社区的目的与意义

建设"绿色社区"，就是要使人类对工业文明及其黑色发展模式的弊端进行反

---

① http://www.mep.gov.cn/gkml/hbb/qt/200910/t20091023_179810.htm ？ keywords=%E7%BB%BF%E8%89%B2%E7%A4%BE%E5%8C%BA.

思的精神成果应用和落实在社区建设和发展的具体实践中，也是贯彻落实党的十八大提出的树立"尊重自然、顺应自然、保护自然"的社会主义生态文明理念，践行党的十八届五中全会提出的绿色发展理念、实现人与自然、生态保护与经济、社会建设和谐发展的客观要求。它是对人民对美好生态环境期望的回应，是全面建成小康社会、建设社会主义生态文明、推进绿色发展的具体行动，也是使美丽中国建设落地生根的关键一招。

1.2.1 建设绿色社区的目的

绿色社区是现代社区建设追求的目标。绿色社区可以使社区内部的环境、经济、管理和社会 4 个方面得到有效的提高。[①] 绿色建筑将使人们在可承受的价格内减少资源消耗、提高生产效率、改善人类健康。[②] 通过绿色社区建设，就是要通过政府与社会、公众的亲密合作，在社区层面上，厚植社会主义生态文明理念，提升社区居民绿色发展意识，建构社区绿色发展模式，供给社区绿色发展制度，选择社区绿色发展政策，打造社区绿色发展机制，倡行社区生态管理，使社会主义生态文明内化成为社区文明的内核，使绿色生活成为社区居民生活新常态，使绿色发展成为社区发展的必由之路。具体来说，绿色社区建设的目的在于：

（1）建设绿色社区就是要在社区厚植社会主义生态文明理念，提升社区居民绿色发展意识。如前文所述，生态文明已成为人类社会当下新的文明形态的追求。生态文明的到来不能从天而降，重在建设。而要建设社会主义生态文明，必须观念先行。在绿色社区建设实践中，弘扬社会主义生态文明理念，使"尊重自然、顺应自然、保护自然"的社会主义生态文明理念内化为社区居民的内心信念，系统化为指导社区居民行为的思想观念。同时，通过绿色社区建设，倡导绿色可持续发展理念，宣传绿色可持续发展知识，提高公众绿色可持续发展的参与程度，践行绿色生活方式，提升社区居民绿色发展意识，为居民持续深入地开展绿色行动提供基础和动力。

（2）建设绿色社区就是要使绿色发展观念落地生根开花结果，使绿色发展成为

---

① Gilbert A，"Sharing the city：community participation in urban management"，*Applied Geography*，1997，Vol. 17，No. 1，pp. 82-83.

② [美]费瑞德·A.斯迪特：《生态设计——建筑·景观·室内·区域可持续设计与规划》（汪芳、吴冬青译），北京：中国建筑工业出版社，2008 年版，第 3～5 页。

社区发展新常态。党的十八届五中全会提出了"创新、协调、绿色、开放、共享"新的发展理念，它是全面建成小康社会、实现现代化和中华民族伟大复兴中国梦在发展观念上的新期待、新要求。绿色发展，就是要实现人与自然共存、共生、共荣、和谐，绿色发展注重的是解决人与自然的和谐问题。通过绿色社区建设，践行节约资源和保护环境的基本国策，坚持可持续发展，坚定走生产发展、生活富裕、生态良好的文明发展道路，加快资源节约型和环境友好型社会建设，推进美丽中国建设，协同推进人民富裕、国家富强、中国美丽，才能使绿色发展观在社区这一基层单位落地生根、开花结果，推动形成绿色发展方式和生活方式，使绿色发展成为社区发展新常态。

（3）建设绿色社区，就是要满足居民对绿色生活的憧憬与追求，使绿色生活成为居民的生活方式。社区是居民安身立命的场所，是生活的家园，每个人都希望在良好的生态环境中工作与生活，建设绿色社区是一项惠及社区居民的"民心工程"。通过建设绿色社区，使居民在价值观念、行为方式、个性发展、生活方式等方面全方位接受生态环境教育和熏陶，变革生态环境价值观念，建立规范的环境管理模式，创新生态环境保护机制，从而提升居民生活生态环境质量，造就人格健全、人性和谐公民。因此，建设绿色社区是一项坚持以人为本、实现绿色发展的民心工程，反映了居民对绿色生活的憧憬与追求。绿色社区建设是一项改变人们生活态度的系统工程。通过绿色社区建设，实现垃圾减量化、无害化、资源化，变革社区居民不环保的生活习惯，培育"资源节约、环境友好"的社区文化，加强对各种反生态现象、行为和习惯进行监督，自觉维护自身生态权益。使"可持续消费"和"可持续发展"的生活方式成为社区居民共同的追求和习惯，实现生态保护的重点向人们的生活方式转变。绿色社区体现了人与自然和谐发展的生态文明，符合我国"完善城市居民自治，建设管理有序、文明祥和的新型社区"的发展要求，是一种新型的文明社区。

1.2.2 建设绿色社区的意义

有学者认为：绿色社区的建设可以"使社区内部环境、经济、管理和社会四个方面均得到有效的提高。"① 中宣部、国家环保总局、教育部在《2001—2005 年全国环境宣传教育工作纲要》指出，创建"绿色社区"，可以使社区居民居住环境得到进一步改善，环境质量显著提高；通过建立社区公众参与环境保护管理的新机制，在增强公众环境保护责任感的同时，维护了居民的合法环境权益；通过社区内环境意识和法制的宣传教育活动，倡导绿色文明，引导居民正确的消费及生活观念，创造出一种人与自然和谐相处，居民既是良好环境的受益者，也是环保卫士的社会文明风尚；通过节能、节水、垃圾分类回收处置等多种手段产生一定的社会经济效益。

本书认为，绿色社区是社区发展的绿色转型，是现代社区的新范式。绿色社区是生态文明社会形态的基本单元，是实现"人与自然、人与社会、人与人、人与自身"四大和谐的空间载体。因此，创建绿色社区具有积极重要的理论意义和实践价值。

（1）从本质上说，绿色社区是实现"自然—人—社会"共存共生共荣与和谐发展的最基础的载体。未来的人类社会，应该是人与自然、人与社会、人与他人、人自身和谐的社会，即生态社会或绿色社会。绿色社区，既能实现"尊重自然、顺应自然、保护自然"的社会主义生态文明理念，又能够以人为本，满足人生存发展，使人能够享有健康的物质生活和丰富的精神生活，达到灵与肉的统一，促进人的全面自由发展，同时还能够形成人与人之间诚信、友善，相互关爱的人际关系，遵规守法，建设和谐安全社区。建设绿色社区的实质是"自然—人—社会"间的和谐统一与协调发展关系的体现和实践。绿色社区的建设既要充分考虑资源的节约利用，考虑室内室外的环境质量，还要考虑社区的模式等社会人文因素；既要构建人与自然的和谐，又要构建人与人、人与社会的和谐。因此，绿色社区的建设和发展，有助于促进自然—经济—社会复合系统的绿色发展。

（2）从理论与实践的关系来说，创建绿色社区是生态文明社会形态的必然要求，也是建设社会主义生态文明的应有之义。人类对工业文明发展理念模式的反思，催生了现代生态文明与绿色发展模式。创建绿色社区，以绿色发展理念为指导，建构社区内的"自然—人—社会"共存共生共荣的和谐关系。它既是对工业文明发展理念和发展模式的扬弃，更是生态文明发展模式的实践检验，使得生态文明发展理念

---

① Gilbert A，"Sharing the city: community participation in urban management"，*Applied Geography*，1997，Vol. 17，No. 1，pp. 82-83.

落地生根，检验真伪，从而使其更具说服力和理论张力。在绿色社区的创建中，人们必将进行理论创新、制度创新，其理论成果必将在内容和形式上补充、丰富和推进生态文明的内容和形式，厚植绿色发展理念，使生态文明发展理念更具时代魅力和生命活力。

（3）从建设中国特色社会主义的伟大实践来看，创建绿色社区是建设中国特色社会主义伟大事业最基本也是最重要的基础建设，它也是使中国特色社会主义"五位一体"建设布局落地生根的关键一招。现代社会发展面临的困境呼唤生态文明社会形态的产生和社会的绿色发展，社区是社会的细胞，是社会的基本单元，创建绿色社区，实现社区的绿色发展是建设生态文明和实现绿色发展基本载体和必经之路，也是建设中国特色社会主义的基本载体和必经之路。绿色社区的创建，有利于资源环境的保护，有助于人居环境质量的改善，有助于环保产业的发展，有助于绿色文明意识的提升，有助于绿色发展的实现。

（4）绿色已经成为世界发展的潮流和趋势。当今世界，各国都在积极追求绿色、智能、可持续发展。特别是进入 21 世纪以来，绿色经济、循环经济、低碳经济等概念纷纷提出并付诸实践。2008 年国际金融危机后，为刺激经济振兴，创造就业机会、解决环境问题，联合国环境规划署提出绿色经济发展议题，2008 年发出了《绿色倡议》，在 2009 年的 20 国集团会议上被各国广泛采纳。各主要国家把绿色经济作为本国经济的未来，抢占未来全球经济竞争的制高点，加强战略规划和政策资金支持，绿色发展成为世界经济发展的方向。欧盟实施绿色工业发展计划，投资 1 050 亿欧元支持欧盟地区的绿色经济。美国也开始主动干预产业发展方向，再次确认制造业是美国经济的核心，瞄准高端制造业、信息技术、低碳经济，利用技术优势谋划新的发展模式。同时，一些国家为了维持竞争优势，不断设置和提高绿色壁垒，全球化面临新的挑战，绿色标准已经成为国际竞争的又一利器。

（5）绿色关系全人类的福祉和未来，也孕育着世界发展的历史性机遇。建设生态文明社会，应对气候变化，不论发达国家还是欠发达国家都不能独善其身，需要各国以对人类共同负责和人类间相互包容的精神，秉持平等、互助、合作、共赢的宗旨，以改革促创新，以创新引领绿色产业、绿色城市和绿色消费的发展，实现各国绿色发展，携手迈向生态文明新时代。2014 年 6 月 23 日—27 日，首届联合国环境大会在肯尼亚首都内罗毕召开，为推动世界在生态保护共识迈出了重要一步。这次会议第一次把环境问题与和平、安全、财政、卫生和贸易等挑战置于同等地位，把环境问题上升到全球生态文明建设的高度来推进。2014 年 5 月 8 日在天津召开的 APEC 绿色发展高层圆桌会议，以"促进亚太地区绿色发展与绿色转型"为主题，就促进绿色发展、加强绿色供应链领域合作达成共识，会议通过了《APEC 绿色发展高层圆桌会宣言》。2015 年 12 月 12 日，在巴黎气候变化大会上，全球 195 个缔约方国家通过了《巴黎协定》这一具有历史意义的应对全球气候变化新协议，表明通过气候行动打造绿色未来已经成为人类共同的选择。

1.3 中国建设绿色社区的机遇与挑战

中国绿色社区的建设，既是对基于工业文明社会黑色发展模式下的社区建设的反思，也是基于社会主义生态文明理念的绿色发展模式下社区建设的美好向往与追求。在当下中国建设绿色社区，既面临着巨大的机遇，又具有极大的挑战。

1.3.1 中国建设绿色社区的机遇

肇始于近代的第一次工业革命，使人类进入工业文明时代，工业文明在带来生产力的巨大发展和物质财富极大涌流的同时，也以其特有的"高投入、高消耗、高排放、高污染、高代价"黑色发展模式，牺牲着自然生态、社会生态和人体生态，严重破坏了"自然—人—社会"的和谐共生、共处、共荣关系。人类社会生存和发展面临的诸种生态问题的挑战，使得人类不得不反思工业文明及其黑色发展模式下的"自然—人—社会"关系，社会主义生态文明及其绿色发展模式呼之欲出。建设绿色社区的实践需求，既是人类对工业文明下的黑色发展模式所带来的生态破坏反思的结果，也是人类文明由工业文明向生态文明转向的必然要求。在当下中国，建设绿色社区具有巨大的机遇。

（1）党和政府的决心和战略部署是推进建设社会主义生态文明、推进绿色发展、建设绿色社区的政治基础。

"绿色是永续发展的必要条件和人民对美好生活追求的重要体现"，要"形成人与自然和谐发展现代化建设新格局，推进美丽中国建设。"[①] 在当代中国，社会主

[①]《中共中央关于制定国民经济和社会发展第十三个五年规划的建议》，2015-12-03，http://news.xinhuanet.com/fortune/2015-11/03/c_1117027676.htm。

义生态文明和绿色发展，集中体现在中国共产党提出的以"尊重自然、顺应自然、保护自然"的生态文明理念上，集中体现在经济建设、政治建设、文化建设、社会建设和生态文明建设"五位一体"的中国特色社会主义建设总体布局上，集中体现在破解发展难题，厚植发展优势的"创新、协调、绿色、开放、共享"发展理念上，它们是推进建设社会主义生态文明，推进绿色发展，建设绿色社区的政治基础。

21 世纪以来，以胡锦涛为总书记的中央领导集体，正确把握当今世界发展绿色低碳转型的新态势和未来世界绿色发展的大趋势，提出了绿色发展的一系列新思想、新观点。"经济增长不能以浪费资源、破坏环境和子孙当代利益为代价。""我国是社会主义国家，我们的发展不能以牺牲精神文明为代价，不能以牺牲生态环境为代价，更不能以牺牲人的生命为代价。"[①] 不能以"四个牺牲为代价"换取经济发展思想，反映了改革开放以来我国经济发展的基本经验和严重教训，它实质上是实现科学发展的四项重要原则，是推进绿色发展的四项重要原则。党的十八大报告明确提出："建设生态文明，是关系人民福祉、关乎民族未来的长远大计。"[②] 全面建成小康社会，夺取建设中国特色社会主义新胜利，必须树立"尊重自然、顺应自然、保护自然"的生态文明理念，把生态文明建设"融入经济建设、政治建设、文化建设、社会建设各方面和全过程，努力建设美丽中国，实现中华民族永续发展。"[③] 这是党的报告中第一次将生态文明建设纳入中国特色社会主义建设总布局之中，对建设生态文明进行的总体规划。

党的十八大以来，以习近平总书记为核心的中央领导集体对我国的生态问题有着清醒的认知："我国总体上仍然是一个缺林少绿、生态脆弱的国家，植树造林，改善生态，任重道远。"[④] 高度重视生态文明建设的极端重要性和重要意义："良好生态环境是人和社会持续发展的根本基础"[⑤]，生态环境保护，建设生态文明是"功在当代、利在千秋""关系人民福祉、关乎民族未来"[⑥]的事业。"绿色发展和可持

---

① 中共中央文献研究室：《科学发展观重要论述摘编》，中央文献出版社，2008 年版，第 34 页、第 29 页。

② 《坚定不移沿着中国特色社会主义道路前进　为全面建成小康社会而奋斗》，中国共产党新闻网，http://cpc.people.com.cn/18/n/ 2012/1109/c350821-19529916.html。

③ 《坚定不移沿着中国特色社会主义道路前进　为全面建成小康社会而奋斗》，中国共产党新闻网，http://cpc.people.com.cn/18/n/ 2012/1109/c350821-19529916.html。

④ 习近平：《习近平谈治国理政》，北京：外文出版社，2014 年版，第 207 页。

⑤ 习近平：《习近平谈治国理政》，北京：外文出版社，2014 年版，第 209 页。

⑥ 习近平：《习近平谈治国理政》，北京：外文出版社，2014 年版，第 208 页。

续发展是当今世界的时代潮流"，其"根本目的是改善人民生活环境和生活水平，推动人的全面发展。"① "蓝天常在，青山常在，绿水常在"，让人们"都生活在良好的生态环境之中，这也是中国梦中很重要的内容。"② 因此，全党、各级人民政府和全国人民，必须做到"8个必须"：

必须"树立尊重自然、顺应自然、保护自然的生态文明理念，坚持节约资源和保护环境的基本国策，坚持节约优先、保护优先、自然恢复为主的方针，着力树立生态观念、完善生态制度、维护生态安全、优化生态环境，形成节约资源和保护环境的空间格局、产业结构、生产方式、生活方式。"③

必须"正确处理好经济发展同生态保护的关系，牢固树立保护生态环境就是保护生产力、改善生态环境就是发展生产力的理念，更加自觉地推动绿色发展、循环发展、低碳发展，决不以牺牲环境为代价去换取一时的经济增长。"④

必须做到"培育壮大绿色经济，着力推动绿色发展"，"要加快形成有利于绿色发展的体制机制，通过政策激励和制度约束，增强推动绿色发展的自觉性、主动性、抑制不顾资源环境承载能力盲目追求增长的短期行为。"⑤

必须"要大力节约集约利用资源，推动资源利用方式根本转变"，"大力发展循环经济，促进生产、流通、消费过程的减量化、再利用、资源化。"⑥

必须"要按照人口资源环境相均衡、经济社会生态效益相统一的原则，整体谋划国土空间开发，科学布局生产空间、生活空间、生态空间，给自然留下更多修复空间。""坚定不移地加快实施主体功能区区战略""划定并严守生态红线"⑦；"要实施重大生态修复工程，增强生态生产能力。"

必须要"坚持预防为主、综合治理，强化水、大气、土壤等污染防治，着力推进重点流域和区域水污染防治，着力推进重点行业和重点区域大气污染治理。"⑧

---

① 习近平：《携手推进亚洲绿色发展和可持续发展》，2010年4月11日《光明日报》第1版。
② 《习近平在APEC欢迎宴会上的致辞》，新华网，http://news.xinhuanet.com/2014-11/11/c_1113191112.htm。
③ 习近平：《习近平谈治国理政》，北京：外文出版社，2014年版，第209页。
④ 习近平：《习近平谈治国理政》，北京：外文出版社，2014年版，第209页。
⑤ 李克强：《推动绿色发展促进世界经济人类健康复苏和可持续发展》，2010年5月9日《光明日报》第1版。
⑥ 习近平：《习近平谈治国理政》，北京：外文出版社，2014年版，第209页。
⑦ 习近平：《习近平谈治国理政》，北京：外文出版社，2014年版，第209页。
⑧ 习近平：《习近平谈治国理政》，北京：外文出版社，2014年版，第209～210页。

必须要"实行最严格的制度、最严密的法治"①。法律是治国之重器，良法是善治之前提。使全面依法治国战略部署落到实处，为社会主义生态文明建设提供可靠法律保障。

必须要"加强生态文明宣传教育，增强全民节约意识、环保意识、生态意识，营造爱护生态环境的良好风气。"②

以习近平为总书记的新的中央领导集体对社会主义生态文明建设和绿色发展的认识与把握，不仅仅是一种新的社会文明理念和绿色发展理念，更是基于中国经济社会发展现实、着眼于中国永续发展的一种崭新的社会主义生态文明建设、绿色发展的道路选择战略谋划，开辟了中国社会主义生态文明建设与绿色发展、绿色崛起的科学发展新篇章。

社会主义生态文明建设与绿色发展的理论研究和实践探索成果，对接到人类安身立命、生活栖息的基本单元——社区建设与发展上，就是要建设绿色社区。中共中央宣传部、国家环保总局、教育部在《2001—2005 年全国环境宣传教育工作纲要》中指出：努力将保护环境、合理利用节约资源的意识和行动渗透到公众日常生活之中，倡导符合生态文明的生活习惯、消费观念和环境价值观。③同时提出要在47 个环境保护重点城市逐步开展创建"绿色社区"活动，培养公众良好的环境伦理道德规范，促进良好社会风尚的形成。中国社会主义生态文明建设和绿色发展实践，为绿色社区建设提供了实践基础。

（2）改革开放以来中国经济实力的巨大提升是推进建设社会主义生态文明、推进绿色发展、建设绿色社区的经济基础。

改革开放以来，中国共产党把马克思主义基本原理和中国特色社会主义建设伟大实践相结合，领导中国人民从社会主义初级阶段这一基本国情出发，沿着全面建成小康社会、实现富强、民主、文明、和谐的社会主义现代化和实现中华民族伟大复兴中国梦的奋斗目标，以经济建设为中心，大力发展生产力，坚持四项基本原则，坚持改革开放，攻坚克难，创新发展，奋勇前进，中国的经济社会发展取得了巨大成就。

---

① 习近平：《习近平谈治国理政》，北京：外文出版社，2014 年版，第 210 页。
② 习近平：《习近平谈治国理政》，北京：外文出版社，2014 年版，第 210 页。
③ 《关于印发〈2001—2005 年全国环境宣传教育工作纲要〉的通知》，中华人民共和国环境保护部网站：http://www.zhb.gov.cn/gkml/zj/wj/200910/t20091022_172494.htm。

　　从一穷二白到举世震惊，综合国力、国际地位实现历史性飞跃。到 2010 年，中国经济总量超越日本，跃升世界第二位，成为世界第二经济体，2015 年，中国的国内生产总值（GDP）增长达 6.9%，经济总量达到 676 708 亿元人民币，经济总量稳居世界第二位，占世界 GDP 总量的比例将近 1/5，扮演着全球增长主要发动机的角色，成为推动世界经济复苏和发展的重要力量之一。2012 年，我国人均 GDP 与 1952 年相比增长 295 倍，跃升至中上等收入国家；国家财政收入与 1952 年相比增长 189 倍，政府宏观调控能力日益增强；外汇储备与 1952 年相比增加 23 813 倍，2015 年年末国家外汇储备更是高达 33 304 亿美元，成为外汇储备第一大国。改革开放以来中国的快速发展，使中国的综合国力、国际地位实现了历史性飞跃。

　　建立了全面物质生产体系，告别短缺，成长为世界制造业大国。2015 年，中国的粮食生产总量达到 62 143 万 t，成功解决占世界 1/5 人口的吃饭问题。工业产品产量成倍增长，在国际标准工业分类 22 个大类中，中国 7 个大类名列第一，15 个大类名列前三，谷物、肉类、钢、煤、发电量等均为世界第一。

　　基础设施和基础产业实现巨大飞跃。能源生产能力不断提升，能源保障明显增强。2015 年，我国能源生产总量为 362 000 万 t 标煤，成为全球第一大能源生产国；高速公路通车里程居世界第二位；信息通信基础网络初步建成，覆盖全国、通达世界、技术先进、业务全面。基础设施和基础产业的巨大飞跃为我国的各项建设提供了可靠的能源保证。

　　由封闭半封闭到全方位开放。对外贸易规模不断扩大，2015 年我国外贸进出口总值为 245 859 亿元人民币，对外贸易总额世界第二。利用外资规模不断增长，2015 年实际使用外资（FDI）金额 1 262.7 亿美元，连续多年位居发展中国家首位，自 2002 年始，我国利用外资一直居世界前三。2015 年中国对外直接投资额（不含银行、证券、保险）为 7 351 亿元，是世界上最大的对外直接投资国。

　　人民生活达到总体小康，并向全面小康目标迈进。2015 年全年国民总收入为 673 021 亿元人民币，全年全国居民人均可支配收入 21 966 元人民币，城乡居民拥有的财富呈现快速增长趋势；城乡居民消费水平不断提高，消费结构逐步改善；扶贫标准大幅度提高，贫困发生率不断下降,2015 年我国农村贫困人口从上年的 7 017 万减少到 5 575 万，贫困发生率从上年的 7.2% 下降到 5.7%，创造了世界减贫史上的奇迹。

此外，改革开放以来，中国的科技、教育事业突飞猛进，科技事业不断取得重大成果；基础教育普及率不断提高，教育结构不断改善；卫生、体育等社会事业发生根本性变化，公共卫生体系初步建立，人民健康水平不断提高，居民平均预期寿命提升；体育事业全面发展，竞技体育取得历史性跨越。

总之，改革开放以来中国经济社会的快速发展及其所取得的巨大成就，为推进建设社会主义生态文明，推进绿色发展，建设绿色社区夯实了坚实的经济基础。

（3）经济发展新常态下的中国经济社会发展政策和发展规划是推进建设社会主义生态文明、推进绿色发展、建设绿色社区的驱动力。

党的十八大以来，党和政府为了加快推进建设社会主义生态文明、推进绿色发展、建设美丽中国，为人类可持续发展做出中国的贡献，先后制定了一系列的重要文件。

党的十八届三中全会通过的《中共中央关于全面深化改革若干重大问题的决定》提出了要用改革的办法破解发展中的问题，明确指出建设社会主义生态文明"必须建立系统完整的生态文明制度体制，用制度保护生态环境"[①]，"要健全自然资源资产产权制度和用途管制制度，划定生态保护红线，实行资源有偿使用制度和生态补偿制度，改革生态环境保护管理体制。"[②]为生态文明建设指明了制度和体制建设路径，开创了生态文明建设的制度创新。

党的十八届四中全会通过的《中共中央关于全面推进依法治国若干重大问题的决定》使我国社会主义生态文明建设提上了依法建设的议事日程。该决定提出要用"严格的法律制度保护生态环境，加快建立有效约束开发行为和促进绿色发展、循环发展、低碳发展的生态文明法律制度，强化生产者环境保护的法律责任，大幅度提高违法成本。"通过"建立健全自然资源产权法律制度，完善国土空间开发保护方面的法律制度，制定完善生态补偿和土壤、水、大气污染防治及海洋生态环境保护等法律法规"[③]，促进社会主义生态文明建设，为社会主义生态文明建设提供了法律保障。

---

① 《中共中央关于全面深化改革若干重大问题的决定》，新华网，http://news.xinhuanet.com/politics/ 2013-11/15/c_118164235.htm。

② 《中共中央关于全面深化改革若干重大问题的决定》，新华网，http://news.xinhuanet.com/politics/ 2013-11/15/c_118164235.htm。

③ 《中共中央关于全面深化改革若干重大问题的决定》，新华网，http://news.xinhuanet.com/ziliao/ 2014-10/30/c_127159908.htm。

2015 年 5 月公布的《中共中央　国务院关于加快推进生态文明建设的意见》，提出"绿色化"理念，剖析了建设社会主义生态文明的极端重要性，提出了加快推进社会主义生态文明建设的总体要求和重大举措，对加快推进社会主义生态文明建设进行了科学的顶层设计和全面规划，为建设社会主义生态文明指明了方向、提供了基本遵循、设计了建设道路。

党的十八届五中全会通过的《中共中央关于制定国民经济和社会发展第十三个五年规划的建议》，把"绿色发展"作为全面建成小康社会、实现现代化和美丽中国梦的重要发展理念之一，明确指出"绿色是永续发展的必要条件和人民对美好生活追求的重要体现"，要"形成人与自然和谐发展现代化建设新格局，推进美丽中国建设。"并把"生态环境质量总体改善"，"生产方式和生活方式绿色、低碳水平上升"作为"十三五"时期经济社会发展的主要目标之一。[①]

党的十八大以来制定的一系列决定、意见和规划，依据社会主义初级阶段这一基本国情，从我国生态环境的实际情况出发，总结我国人民进行中国特色社会主义建设实践的经验教训，对中国的社会主义生态文明建设和绿色发展进行了顶层设计、总体谋划，进行了一系列战略部署，为推进建设社会主义生态文明、推进绿色发展、建设绿色社区注入了政策驱动力。

1.3.2　中国绿色社区建设面临的巨大挑战

党的十八大以来，中国的社会主义生态文明建设和绿色发展在以习近平总书记为核心的中央领导集体的正确领导下，在全国人民的共同努力下，取得了积极的进展和一些可喜的成绩，为中国的绿色社区建设注入了新的驱动力。但是，中国的社会主义生态文明建设尚刚刚起步，绿色发展的有效制度安排和运作模式尚未建立，绿色社区建设在资源环境、体制机制、法律保障与政策支撑、技术创新、社会绿色道德体系诸方面均面临着许多挑战和难题。

（1）资源、生态环境压力仍然巨大。中国作为世界上最大的发展中国家，要实现"两个百年目标"，实现中华民族伟大复兴中国梦，首先就必须夯实其坚实强大的经济基础。当下中国的经济发展，面临着工业化、信息化、城镇化和农业现代化

---

① 《中共中央关于制定国民经济和社会发展第十三个五年规划的建议》，中央政府门户网，http://www.gov.cn/xinwen/2015-11/03/content_5004093.htm。

同步发展的进程，这一进程给能源安全、生物多样性保护以及生态环境承载能力带来了巨大的挑战和压力。这一挑战和压力具体表现为：能源资源的供给难以支撑经济发展的需求。在中国工业化、信息化、城镇化和农业现代化同步发展的进程中，经济必须保持一定速度的增长。而经济要保持一定速度的增长，就一定要耗费一定质量的能源和资源。中国的经济总量已经稳居世界第二位，而现有的经济发展方式尚未实现由要素驱动、投资驱动向创新驱动转型，要实现经济一定的速度增长就必然要耗费更多的能源资源，形成巨大的资源、生态环境压力。这一压力同样存在于绿色社区建设之中。

（2）体制机制供给不足。推进社会主义生态文明建设、实现绿色发展，仅仅只有意志、规划和政策供给是难以实现其目标的，它要求必须建立科学合理可操作性强的体制机制，使社会主义生态文明和绿色发展观念、规划落地生根。在当下中国，由于体制机制供给不足，政府职能缺位、越位和错位问题依然突出，由于路径依赖，一些地方以 GDP 为导向，在高消耗、高生态影响、低创新中实现经济增长的行为仍然大有市场。同时，一些地方政府在资源配置中严重越位、错位，过度干预市场活动，忽视市场的决定性作用，在市场监管和社会公共服务等领域，又严重缺位。同样，政府的财税机制、市场的价格形成机制、生态环境产权机制，或存在严重弊端，或供给不足，或形成真空。这些问题，同样也存在于绿色社区建设实践之中。

（3）法律法规保护不力。保障社会主义生态文明建设、推进绿色发展，法律法规是根本保证。当下中国，促进社会主义生态文明建设、推进绿色发展的法律政策体系或残缺不全，尚未形成相互配合、相互支撑协调的法律政策体系：或缺乏针对性、可操作性，其保护与支撑功能难以实现；或政出多门，目的不一，难以形成合力，导致政策效率低下；或出于地方利益保护、功利主义与本位主义而执法不严、行政不力。这就使得我国的社会主义生态文明建设、绿色发展的实现、绿色社区建设缺乏刚性的制度保障和强力推进。

（4）政策工具支撑不足。推进社会主义生态文明建设和绿色发展、建设绿色社区，有效的政策工具供给是支撑。当下中国，绿色财政投入不足，投资结构不合理；绿色税收体系尚未完全建立，其引导功能尚未有效发挥；促进社会主义生态文明建设和绿色发展，建设绿色社区的社会融资机制匮乏，通道滞塞，导致政府绿色投资不足与民间投资因渠道不畅、安全保障不力而投资不足，极大地阻碍了社会主义生态文明建设、绿色发展和绿色社区建设。

（5）技术创新能力亟待提升。推进社会主义生态文明建设和绿色发展、建设绿色社区，离不开技术创新。中国是一个人力资源大国，但不是一个人口资源强国，人民的技术创新意识不强、技术创新素质不高、技术创新能力不强是大家公认的事实。推进社会主义生态文明建设和绿色发展、建设绿色社区，必须改变绿色发展领域关键技术引进来的现状，强化国家统筹绿色技术创新能力，增加绿色技术创新投入，形成有效的绿色技术创新机制，培育和提升国家绿色发展核心竞争力。同时，政府还必须开发企业绿色创新潜力，建立健全引导企业绿色技术创新的激励机制和市场化融资机制，大力提升企业绿色发展能力。

（6）社会绿色发展价值和道德体系尚未全面建立。社会绿色发展价值和道德体系是推进社会主义生态文明建设和绿色发展、建设绿色社区的精神动力和行为导向。当下中国，政府在厚植社会绿色发展价值方面宣传引导不够，建设推进绿色发展的道德体系着力不够，社会公众绿色发展意识薄弱，绿色价值理念尚未全面形成，绿色发展的道德体系尚未建立，推进社会主义生态文明建设和绿色发展、建设绿色社区的内在驱动力难以形成。为此，必须在强化政府的绿色发展价值观和绿色发展道德体系建设的同时，政府必须通过各种有效体制机制大力宣传"尊重自然、顺应自然、保护自然"的社会主义生态文明理念，引领整个社会的绿色发展意识，厚植有利于绿色发展的价值观念，建立有利于促进绿色发展的道德体系。

（7）国际社会的挑战与压力。中国在推进社会主义生态文明建设和绿色发展的伟大实践中，面临着来自国际社会的挑战和压力也不容小觑。一方面，自2008年全球金融危机爆发以来，一些国家从自身的利益出发，贸易保护主义抬头，建构绿色贸易壁垒，限制、打压中国对外贸易发展。另一方面，在对外投资中，一些外商为追求高额利润和逃避本国高额的成本内在化，规避本国绿色管制，将高消耗、高生态风险产业向包括中国在内的广大发展中国家转移，实施生态环境侵略。从中国层面看，中国目前作为世界上生态消费较高的国家，被称为世界上最大的温室气体排放国，面临着来自国际社会减排的巨大压力，中国经济发展主要依靠要素驱动、投资驱动的动力机制也使中国的"生态环境威胁论"有一定的国际市场，对中国的发展产生了不利的国际舆论。如何平衡绿色贸易、绿色投资与绿色保护主义之间的关系，是当下中国发展进程中所面临的重要政治和经济挑战。

　　矛盾无时不在、无处不有，压力和挑战总是难免的。面对生态环境与发展的矛盾以及来自国内和国外生态环境保护的诸多挑战，只要中国政府和人民勇于面对、科学应对，党和人民创造的中国智慧一定能化压力、挑战为动力、机遇，创新经济社会发展绿色模式，实现发展方式的绿色创新转型，发掘经济社会绿色发展新动能，使中国走进绿色发展新纪元。

第2章

国内外绿色社区研究的理论资源

工业文明及其发展模式给人类带来的诸多灾难性难题迫使有识之士开始对自然—人—社会间的关系进行深刻反思，实现人与自然双盛、个人与社会双强、社会与自然双赢，达到人—社会—自然和谐共生、共同繁荣与可持续发展的至高境界，已成为 21 世纪人类关注的热点问题。国内外关于绿色社区的研究，是以人类对工业文明社会反思基础上提出对未来社会形态——生态社会（绿色社会）的设计或设想为依托的。基于生态社会（绿色社会）框架下，人们对未来社区的建设发展进行了新的设计和规划，开始了绿色（生态）社区的理论研究与建设实践。绿色社区的理论研究渐成研究热点。基于此，本书将中外学者关于绿色社区的研究，分为国内外学界对绿色（生态）社会理论研究和绿色社区理论研究来进行述评。

2.1　国内外学者关于绿色社会研究的理论资源

第一次工业革命以来的工业文明时代，技术进步与制度创新极大地增强了人类开发利用自然资源、生产物质财富的能力。与此同时，具有反人类（社会）、反自然（生态）特性的工业文明及其发展模式也给人类带来了诸如资源约束趋紧、环境污染严重、生态系统退化等一系列危及人类生存和发展的灾难性难题。现实困境和对幸福生活的向往，迫使有识之士开始对工业文明及其发展模式进行深刻反思。在后工业社会（信息社会），如何正确处理"自然—人—社会"相互间的关系，实现人与自然、人与社会、人与人、人与自身四大和谐协调发展，"实现人与自然双盛、个人与社会双强、社会与自然双赢，达到人、社会、自然和谐共生、共同繁荣与可持续发展的至高境界"①，已成为 21 世纪人类关注的热点问题。

绿色社会，是"自然—人—社会"共存共生共荣与和谐发展的社会，是人类社会形态文明发展的远景和归宿。中外诸多有远见的学者，基于对工业社会所呈现出的诸多反自然、反人类、反社会问题的反思，为了实现"自然—人—社会"共存共生共荣与和谐发展，对未来绿色社会表达出其理论思考的自觉。

2.1.1　国外学者关于绿色社会的理论研究

早在西方发达国家实现工业化之时，美国学者就提出工业文明社会之后，人类要建立一个怎样的新社会的问题。尤其是 20 世纪 80 年代以来，国外学者从不同学科描述了未来社会的基本轮廓，对工业社会后的人类社会进行了设计或回答。

（1）创造绿色经济形态，实现人与自然和谐。目前，这派学者在国际上典型的思潮主要有 3 种：①欧洲绿党的生态社会观。在绿党的政治纲领中，提出了人类未来社会的绿色蓝图及促进这一理想实现的政策主张。欧洲绿党对未来绿色社会设计的核心内容是一个当代生态与社会危机被克服、生态政治原则得以充分实现的社会。绿色社会是一种以基层社会为权力中心的新型民主体制，是建立非暴力的和平团结的新社会。绿色社区是绿色政治的最基本单位，将成为人们未来整个活动的中心，而绿色社会的关键是创造一个可持续的生态化经济，从而实现生态发展。②生态自治主义理论，它在对工业化基础上发展起来的现代社会批判的基础上，提出了建立一个以生态原则和地方自治为基础、超越现代民族国家的人类与自然和谐一致的后现代社会，即一个在人与自然和人与社会关系上都消灭了统治、征服与压抑的绿色社会。自然界的生态化结构提供了绿色社会的模型，因此，绿色社全是一个合乎自然、非集中的分散型社会，是一个合作和谐的社会。③西方生态马克思主义，又称生态社会主义的生态文明观与社会发展观，是在人、社会、自然的良性互动与和谐发展关系的价值观指导下批判当前社会，设想未来社会是在人类物质与社会自由充分实现的同时，又符合生态原则的绿色社会。这就是生态社会主义致力于构建

---

① 刘思华：《生态文明与绿色低碳经济发展论丛》，北京：中国财政经济出版社，2011 年版，总序第 7 页。

一个全新的人与自然和谐的社会主义模式,它将是一个绿色经济发展的社会主义模式,是经济发展、社会发展与生态发展相统一、满足人类全面需要、符合生态可持续性原则的社会,是一个人与自然和谐统一的社会。

(2)多学科、多视角描述未来生态社会。20 世纪 90 年代前期,西方发达国家的生态学家试图以系统整体观和生态中心主义思想为基础,来构造全盘改造工业文明社会的方案,"最终建立一种无等级差别的理想的生态社会"。其后,直到进入 21 世纪的几年间,西方发达国家各学科的学者们都对未来生态社会即可持续社会进行了多学科、多视角的描述。

1992 年,美国学者德内拉·梅多斯等在《增长的极限》(第二版)一书中,从可持续发展经济学的新视角设计未来社会:"可持续社会是一个可以世代相传的社会,是一个有非常长远的眼光、非常有弹性、非常聪明而不会破坏支撑它的物质或社会系统的社会","为了达到全社会的可持续性,人口、资源和技术的组合必须加以配置以使每个人的物质生活水平都是富足的有保证的并且是公平分配的。"[1]

1995 年,英国学者伊恩·莫法特在《可持续发展——原则、分析和政策》一书中,描述了可持续发展社会的景象,并把这种社会称为"绿色社会"。他指出,这个乌托邦式的描述来源于奥斯卡·伍德说的"一个不包含乌托邦理念的社会是不值得一看的"。所以,他强调说:"知道乌托邦在哪里是一回事,真正达到这个目标又是另一回事。"[2]

1999 年,日本经济学家藤井隆教授在日本立正大学佛教学部 50 周年庆祝大会上的演说中指出,自 20 世纪后期以来,人类的宇宙观、自然观、世界观和社会观都出现了飞跃的发展,这是人类思想史上的第二次"哥白尼式"的大转折。生态社会发展观正是这种飞跃的表现。他指出:"将生态发展的共生与社会发展的共生看作是生态社会的发展,生态社会的空间被置于植物和人类发展空间的系统定位的最高层来进行设计。"

2006 年 12 月,美国生态后现代主义奠基人查伦·斯普瑞特奈克教授在一次演讲中阐明了建设生态社会的紧迫性和生态社会的经济特征。他指出:"生态社会的经济被理解是为社区服务的、是为创造真正的财富服务的,那就是嵌入在健康生态

---

① [美]德内拉·梅多斯、乔根·兰德斯、丹尼斯·梅多斯:《增长的极限》(第二版)(李涛、王志勇译),北京:机械工业出版社,1992 年版,序言第 2 页。

② [英]伊恩·莫法特:《可持续发展——原则、分析和政策》,北京:经济科学出版社,2002 年版,第 2 页。

系统中人类共同体的修复、培育和繁荣。"

西方社会生态学认为，当今人类面临的生态环境问题，是社会经济、政治和文化机制的"反生态化"造成的，现代工业文明社会的破坏性正在于此。正如美国社会生态学派创始人默里·布克钦在《什么是社会生态学》一文中所指出的："目前几乎我们所有的生态问题都是由于根深蒂固的社会问题而产生的。"因此，必须"以生态学方式重建社会"，协调"第一自然"与"第二自然"的发展关系，这是"人类进一步向生态社会迈进所必需的"。因此，西方社会生态学的根本价值目标是追求整个社会内部机制的生态权，即寻求社会的经济制度、政治制度和精神文化道德的生态化，建设一个生态社会。

2.1.2 中国学者关于绿色社会的理论研究

在中国学者中，他（她）们对工业社会后的人类社会也进行了开创性的研究。在这些研究者中，当以我国著名的生态马克思主义经济学家刘思华先生等为代表。他（她）们对工业文明社会之后的社会发展的理论研究中的主要研究成果如下：

（1）人类社会正在进入生态时代。早在 1993 年，刘思华教授在《生态时代与社会主义现代化建设》一文中就提出：目前，"人类历史发展……是现代人类社会发展史上的一个巨大变革时期，其重要标志是人类文明将由工业文明的时代进入生态文明的时代。"[①]2003 年，他又指出："人类正在进入生态时代，人类文明形式正在由工业文明向生态文明转变，这是人类发展绿色经济、建设生态文明的一个伟大实践。"[②] 2012 年，又进而指出"21 世纪是生态文明与绿色经济时代。"[③] 1994年，石山提出："生态农业在我国迅速崛起，是有许多主客观因素。最重要的是生态时代的到来，应该从时代的要求来理解和探索。"[④] 就中国而言，"对中国这样的发展中国家来说，农业文明尚有遗留、工业文明尚未成熟发展、生态文明初

---

① 刘思华：《生态时代与社会主义现代化建设》，载《理论月刊》1993 年第 6 期。

② 刘思华：《刘思华文集》，武汉：湖北人民出版社，2003 年版，第 403 页。

③ 刘思华、方时姣：《绿色发展与绿色崛起的两大引擎——论生态文明创新经济的两个基本形态》，载《经济纵横》2012 年第 7 期。

④ 石山：《生态时代与生态农业》，载《全国首届生态农业研究优秀论文集》，武汉：武汉大学出版社，1994年版。

露端倪。"① "客观地说，从当下中国总体上看，正处于生态文明历史形态的前夜，换言之，当下中国生态文明历史形态正在萌芽。"②

（2）生态时代的科学含义。1993 年，刘思华先生就对"生态时代"进行了阐释。"生态时代是生产力发展进入一个新阶段的历史必然"，从人与自然的发展关系来看，生态时代就是"要从人是自然的主宰变为自然的伙伴，由征服、掠夺自然变为保护、建设自然，使其与自然保持和谐统一的大转变，正是从这个意义上说，现在我们开始重建人与自然和谐统一的时代，就是生态时代。"③ 1994 年，石山也以同样的视角对生态时代进行了解读："所谓生态时代是指人与自然界的关系发生了质的变化，由人是自然界的主人、统治者转变为自然界的伙伴，由征服自然界转变为与之和睦相处、协调发展。从社会发展史分析，这是一个新阶段、新时期，也是人类新认识史上的一次革命。它的到来是历史发展的必然产物，但又推动历史向新的方向发展。"④

（3）生态时代的本质特征。刘思华在探讨生态时代的科学含义的基础上，阐释了他对生态时代本质特征的基本看法。①"生态时代作为人类存在和发展的一个更高级的历史时代，不仅是人与自然环境的协调发展关系，而且是人与社会环境的协调发展关系，还是这两种发展关系的相互依赖、互相制约、互相作用的有机统一。"⑤ ②"生态时代重建人与自然和谐统一，就包括人与自然环境的协调关系和人与社会环境的协调关系这两个方面。前者是人与自然的生态关系；后者是人与社会的社会关系，或人与人的生产关系。"⑥ ③ "人与自然的协调关系，是生态时代的自然属性；人与人的协调关系，是生态时代的社会属性，正是这两种属性的有机统一，才构成了生态时代的本质，这两种属性的协调发展，才形成生态时代的自然史和人类史，推动着生态文明从低级向高级不断发展。"⑦ 因此，"生态时代是对现

---

① 参见刘思华：《加强生态文明制度理论研究，促进中华文明形态跨越发展——中国生态经济建设·2014 狮子山论坛开幕词》，2014 年 8 月 10 日。
② 参见刘思华：《加强生态文明制度理论研究，促进中华文明形态跨越发展——中国生态经济建设·2014 狮子山论坛开幕词》，2014 年 8 月 10 日。
③ 刘思华：《生态时代与社会主义现代化建设》，载《理论月刊》1993 年第 6 期。
④ 石山：《生态时代与生态农业》，载《全国首届生态农业研究优秀论文集》，武汉：武汉大学出版社，1994 年版。
⑤ 刘思华：《生态时代与社会主义现代化建设》，载《理论月刊》1993 年第 6 期。
⑥ 刘思华：《生态时代与社会主义现代化建设》，载《理论月刊》1993 年第 6 期。
⑦ 刘思华：《生态时代与社会主义现代化建设》，载《理论月刊》1993 年第 6 期。

代经济社会的生态和生态经济实质的最充分表达。因此，生态时代的本质特征，就是把现代经济社会运行与发展切实转移到良性的生态循环和经济循环的轨道上来，使人、社会与自然重新成为有机统一体，实现生态环境与经济的持续协调发展。"[1]

（4）21世纪是生态文明、知识经济与可持续发展经济"三位一体"的新时代。"从现代文明形式的角度来看时代，当今人类即将走出征服、掠夺自然，以牺牲生态环境为代价求得生存与发展的工业文明时代，正在步入保护、建设自然，以重建人与自然的和谐统一的共同生息与繁荣的生态文明时代。从现代经济形态的角度来看时代，现代经济发展已开始由以物质资源尤其是以稀缺自然资源为主要依托的物质经济时代，转向以信息、知识、智力资源为主要依托的知识经济时代。从现代经济发展模式及道路的角度来看时代，现代经济发展已开始由生态与经济极不协调的不可持续发展经济时代，正在走向生态与经济相互促进与协调的可持续发展经济时代，它既是生态文明时代，又是知识经济与可持续发展经济时代。"[2] 从这一视角看，21世纪应该是生态文明、知识经济与可持续发展经济"三位一体"的新时代。

2.2　国内外学者关于绿色社区研究的理论资源

绿色社会作为人类社会形态文明发展的远景和归宿，其不能自然生成，必须经由人类基于高度的理论自觉加以建设才能呈现。社区是社会的基本单元，建设绿色社会，其基点在于绿色社区的建设。国内外学者关于绿色社区及其建设问题的研究，尽管在研究力度、深度和广度上尚有极大的拓展空间，但他（她）们对绿色社区及其建设的种种构想，为我们深化绿色社区问题的研究提供了宝贵的思想资源。

2.2.1　国外学界关于"绿色社区"的理论研究

国外学界关于"绿色社区"的研究始于20世纪30年代对城市生活空间的研究。当时的研究主要是描述城市社区的生活方式和居住形式。第二次世界大战结束之前，"绿色社区"的研究主要集中在传统的空间经济分析。第二次世界大战后，最早赋予"绿色社区"内涵的是希腊学者道萨严迪斯，他不仅研究了城市生活和居住

---

① 刘思华：《当代中国的绿色道路》，武汉：湖北人民出版社，1994年版。

② 刘思华：《新时代、新经济、新经济学》，载《经济与管理论丛》2001年第5期。

环境，而且首次提出了"人居环境科学"的概念。50 年代，美国由于城市生活空间质量下降，严重影响了居民的身心健康；60 年代初，城市生活空间质量成为美国民众关注的焦点。在这种背景下，美国的"新城市史"学派的一些学者认为城市居民生活空间正在经历着爆炸性的变革，正是这种变革，掀起了"绿色社区"规划和设计的浪潮。

在国外，关于"绿色社区"的真正研究起始于 20 世纪 80 年代。加拿大的克利福德·梅纳斯（Clifford Maynes）提出，"绿色社区"是建立在社区基础之上的非营利、多方合作的环境组织；它的建立是通过社区之间的合作以及切实可行的服务和建议作为支撑的；每一个绿色社区都有自己的名称，有自己的工作人员、资金、负责人并自行建立适合自己的管理条例；绿色社区所反映的是当地人们的需求和态度，维护的是大家共同的利益，倡导绿色生活和绿色消费。[①]

美国丹·鲁本（Dan Ruben）博士则提出用系统性原则构筑"绿色社区"发展的整体框架，美学原则增添"绿色社区"的吸引力和创造力，服务性原则拓展"绿色社区"的触觉，特色性原则赋予"绿色社区"以强大的生命力。[②]

国外学者关于"绿色社区"的理论研究中，尽管不乏诸如加拿大的克利福德·梅纳斯、美国的丹·鲁本等学者的真知灼见，但大多数学者所提出的"绿色社区"及其建设，仍然是对工业文明黑色发展模式下社区建设和发展的初步反思，尽管其研究成果已经初步展露出生态文明绿色发展模式下社区建设和发展的"绿色化"意愿，但他们所设计和构建的绿色社区在本质上仍然是工业文明黑色发展模式下的黑色社区，最多可以称之为环境友好型社区及其环境友好型社区建设，尚不是真正意义下的绿色社区。之所以给国外学者关于绿色社区的研究标以引号，其意就在于此。

2.2.2 国内学界关于"绿色社区"的理论研究

在我国，学者们关于绿色社区的研究，表现出两个特点：①起步较晚，主要的理论研究始现于 20 世纪 90 年代以后；②对绿色社区的本质缺乏科学的理解，往往将绿色社区与"花园社区""园林社区""环保社区"等相提并论。

---

① http://www.gca.ca.

② Dan Ruben，America Community，2004，3.

直到 21 世纪初，特别是 2004 年以后，随着我国城市的不断发展，经济体制改革进一步深化，社区承担的职能逐渐增加，致使社区的地位得到很大的提高，我国学者对绿色社区的研究取得了一些初步成果，如提出了绿色社区的概念、阐释了绿色社区的基本内涵，阐述了创建绿色社区的重要意义，分析了中国绿色社区建设的背景，探讨了绿色社区建设的功能定位；提出绿色社区考核评价标准以及创建绿色社区的具体内容。与此同时，把建设绿色社区和生态保护结合起来，提出建设绿色社区的目标及基本任务。其研究成果主要有：

（1）绿色社区的理论研究。国内一批优秀的专家学者编著出版了《绿色社区手册》。他们认为现今人们的环保潮流逐渐朝着社区的层面深入，各国纷纷寻找建立社区可持续发展模式。如何使环境保护进入社区，是我国社区建设面临的一个新课题。

人与自然和谐共处是"绿色社区"的主旨。潘岳指出：当今社会人们普遍关注的"以人为本"，应该以人和自然的和谐共生为其核心内容，若将其片面理解为将人凌驾于自然之上，培养出来的只能是功利主义和个人享乐至上的庸俗狭隘的观念，其结果既破坏自然的生态平衡，也破坏作为社会的社区生态平衡。因此，所谓"以人为本"，就是既要尊重人的基本权利，又要关心和营造一个良好的社区环境。①

社区环境状况对社区的发展具有促进和制约的作用。2005 年，于雷指出：良好的社区环境能促进社区的进步和发展，恶劣的社区环境会阻碍社区的进步和发展。因此，加强社区环境建设，充分利用和改善社区环境，对促进社区建设事业的发展和创建绿色社区具有十分重要的意义。②

王青山是最早关注、研究社区建设的专家之一。他于 2004 年提出了"绿色社区建设"这一概念。他认为社区文化也有利于打造现代"绿色社区"的生活模式，这种生活模式不仅仅是简单的社区物业升值和资金投入的市场行为，更重要的是要打造一个有利于社区长期发展的，展示未来和希望的生活模式。③

在绿色社区建设中，应该把环境教育放到居住文化的视野中来审视，将居住文化与环境教育有机地结合在一起。2005 年，林宪生指出：居住作为人类社会生活

① 潘岳：《环境友好型社区》，北京：中国环境科学出版社，2006 年版，第 6 页。
② 于雷、史铁尔：《社区建设理论与务实》，北京：中国轻工出版社，2005 年版，第 1 页。
③ 王青山、刘继同：《中国社区建设模式研究》，北京：中国社会科学出版社，2004 年版，第 8 页。

的重要组成部分,对人们合理生活模式的建构具有重大意义。我们应抓住这个契机,从居住文化的角度来对人们进行环境教育,提高人们的环境保护意识。我们居住文化视角所进行的环境教育,主要是通过宣传合理的居住文化氛围,让人们从环保的角度来关注居住与环境的关系,从而达到从居住这一生活功能模块来解决目前我们所面临的环境问题。①

(2)绿色社区建设的实践。国家环境保护总局在《2001—2005 年全国环境宣传教育工作纲要》中明确提出"十五"期间在全国创建绿色社区活动的要求,这为绿色社区的蓬勃发展奠定了基础。国家环境保护总局出台的《全国"绿色社区"创建指南》,比照国家标准化组织制定的 ISO 14000 环境管理系列标准,对于"绿色社区"创建的组织领导、制定"绿色社区"创建计划、实施"绿色社区"创建计划、自我检查和评估等方面,均提出了具体的规定,为我国创建"绿色社区"提供政策依据。

但是,无论是政府还是学界,大多数关于"绿色社区"及其建设的政策与理论研究成果,仍然是基于工业文明社会形态下环境友好型社区建设的政策及其理论成果,尚不是真正意义上的绿色社区。基于社会主义生态文明下的绿色社区及其建设,亟须全社会特别是学界开展科学研究。

2.3 对国内外学界关于绿色社区研究的简评

绿色社区的理论研究和建设实践,均属于一个新兴的、尚待加强研究的领域。国内外关于"绿色社区"的理论研究和建设实践,为今天的绿色社区研究积累了研究资料、提供了研究范式、展现了研究方法,其中也不乏诸多真知灼见。

在西方,大多数学者关于绿色社会(社区)的阐释,还没有跳出工业文明发展模式框架的束缚,尚是基于工业文明下的环境保护理论与思想,不是真正意义上的绿色社会;以欧洲绿党、生态自治主义、美英日发达国家生态(绿色)社会发展观为代表的西方学者,在深刻反思工业文明的社会形态即工业社会的基础上,提出未来生态社会的设想,是对未来社会形态的选择设计,在一定程度上揭示了人类社会文明发展的必然趋势。在当今全球资本主义制度占主导地位、生态危机日益严重的

---

① 林宪生:《文化视野中的环境教育》,吉林:吉林人民出版社,2005 年版,第 2 页。

情况下，西方学界对生态（绿色）社会的设想可以说是现代绿色乌托邦，但它阐释了人类社会的发展方向与美好前景，提出了建设未来社会的基本原则——社会建设的生态化（绿色化）。

在国内学界，大多数学者关于绿色社会（社区）的理论阐释，或因袭西方学者的思想或论断，或像一些西方学者一样也没有跳出工业文明发展模式框架的束缚。以刘思华等为代表的一些生态马克思主义学者则基于生态文明理念，阐释了生态文明社会的形态，为当下生态文明建设提供了强有力的理论阐释和宝贵的理论支持，是中国当下生态（绿色）社会理论的真正的建构者。

但是，纵观当下中外各界关于绿色社区的理论研究和实践，在下列问题的阐释上尚存在诸多疑惑，亟待加深研究：

（1）生态文明的社会性质属性问题。生态文明仅仅涉及"自然—人—社会"和谐共生与协同进化，还是应当理解为"以人的解放与全面发展和自然解放与高度发展有机统一为基本范畴的人与自然、人与人、人与社会、人与自身的和谐统一与协调发展"[①]？如果说全球生态危机的根源在于资本主义制度，把生态文明看成社会主义根本属性与内在本质，那么，合理阐释并解决社会主义国家出现的严重的生态环境问题就成为一个亟待解决的理论和实践课题。

（2）生态文明与物质文明、政治文明、精神文明是否是同一层次的概念？在国内学界，对这一问题的回答有两种极具代表性的观点：一种是以我国著名生态经济学家刘思华先生为代表的观点。生态文明是一种新的文明形态，相对于人类历史上先后出现的原始文明（白色文明）、农业文明（灰色文明）、工业文明（黑色文明）。另一种观点集中体现在党的十八大报告关于建设中国特色社会主义的"经济建设、政治建设、文化建设、社会建设、生态文明建设"的"五位一体"总布局中。生态文明是经济、政治、文化、社会等建设成果的文明呈现形态，还是与经济、政治、文化、社会等建设属于同一层次的建设内容？对这一问题的科学辨析关系到生态文明建设实践方向、制度供给和路径选择，因而亟须深入研究。

（3）中外各界关于绿色社区的研究成果与实践，是基于工业文明视域下的"黑色社区"的反思和实践上对"黑色社区"的修修补补，还是基于社会主义生态文明视域下的真正意义上的"绿色社区"的理论建构与实践？进而言之，在工业文明时

---

① 刘思华：《生态马克思主义经济学原理（修订版）》，北京：人民出版社，2014年版，修订版前言第7页。

代，能否建设真正意义上的绿色社区？当下中国生态文明建设起步初始，尚未建成真正意义上的社会主义生态文明，人们应该如何正确认识、评价 20 世纪 90 年代以来中国的"绿色社区"的创建及其评选出的 236 个国家级"绿色社区"？

对上述问题的探讨和回答，需要在马克思主义科学的生态文明理论的指导下，借鉴西方生态学马克思主义的理论智慧，尊重中国人民为解决生态环境问题的实践创新与理论创新，形成中国智慧、开出中国药方，这是当下中国知识分子应有的历史责任与担当，也是本书所要探讨和回答的重要内容。

第 3 章

绿色社区建设的理论基础

　　绿色生活是人类最佳的生活方式，绿色社区是社区发展的最佳形态。建设绿色社区和绿色社区建设是建设社会主义生态文明和社会主义生态文明建设的重要内容。要把握建设绿色社区和绿色社区建设的正确方向，必须夯实绿色社区、建设绿色社区和绿色社区建设的理论基础。本书认为，马克思、恩格斯的"自然—人—社会"有机整体发展理论、马克思、恩格斯的生态文明观、社会主义生态文明理论、中国传统文化的生态思想和生态智慧、西方生态学马克思主义理论、系统工程理论是绿色社区、建设绿色社区和绿色社区建设的重要理论基础。

3.1　马克思、恩格斯的"自然—人—社会"有机整体发展理论

　　在马克思主义理论中，研究人与自然是马克思、恩格斯所关注的其中一个部分，也是他们研究生态思想的核心内容。马克思、恩格斯在其一生的学术研究和对资本主义扬弃式的理论批判中，对人与自然、人与社会、社会与自然、历史与自然的种种关系做过多层次的研究与阐述，给人类贡献了科学的"自然—人—社会"有机整体发展理论。

3.1.1 马克思对自然概念的阐释

"自然"概念是马克思、恩格斯的"自然—人—社会"有机整体发展理论中的核心概念。马克思、恩格斯的自然概念有 3 个基本含义：①最广义的概念，是指自然是一切存在物的总和，它包括存在于人之外的自然和作为自然存在物的人自身的自然，相当于客观世界和物质的概念；②是指自然是人和人类社会的外部自然环境，是人和人类社会存在的生态自然条件的总和；③是指自然是人的实践活动，首先是物质生产活动的内在要素，是科学活动的对象，它存在于人类社会的经济社会的生活与实践之中。① 马克思的全部理论始终认为，现实的人所面对的现实的自然界，是人自身的自然与人的身外的自然的统一。马克思在《1844 年经济学哲学手稿》中提出了自然界"是人的无机的身体"的科学概念。如果说把人的血肉之躯称之为人的有机的身体的话，那么"自然界，就它本身不是人的身体而言，是人的无机的身体。"② 这就表明马克思把人的自然界的无机身体看作人的血肉之躯的有机自身的基础，将整个自然界看作人类存在的基础。因此，人首先必然是以自然为根源和前提的自然存在，马克思的这一见解还贯穿在他以后的一系列重要著作之中，从马克思、恩格斯的《德意志意识形态》到恩格斯的《政治经济学批判大纲》，从恩格斯的《自然辩证法》到《路德维希·费尔巴哈和德国古典哲学的终结》，从马克思的《资本论》到《哥达纲领批判》，虽然强调了人的主体性和劳动的能动性创造作用，但马克思、恩格斯都没有忘掉自然的根源性，外在自然的制约性与"优先地位"，"先于人的存在的自然界"始终是马克思学说的理论前提。尤其是马克思始终坚持的自然既包括"人本身的自然"，又包括"人周围的自然"，是"主体的自然"和"客观的自然"的内在统一，是"生产者生存的自然条件"的双重性质。

3.1.2 马克思对人与自然间辩证关系的揭示

在马克思、恩格斯的思想中充分论证、揭示了人与自然的辩证关系。马克思、恩格斯从现实的人和自然界相互作用的历史进程出发，认为人是自然界的一部分，

① 周义澄：《自然理论与现时代》，上海：上海人民出版社，1988 年版，第 92 页。
② 马克思、恩格斯：《马克思恩格斯全集》（第 42 卷），北京：人民出版社，1979 年版，第 95 页。

自然界是人的无机身体，首次明确地提出了"感性世界一切部分的和谐，特别是人与自然界的和谐"①的光辉思想，并强调人类的劳动实践是实现人与自然共生、共存、共荣、和谐统一的手段。

（1）人是自然界的一部分。人类来自大自然，是自然界的一分子，并生存发展于大自然之中。"所谓人的肉体生活和精神生活同自然界相联系，不外是说自然界同自身相联系，因为人是自然界的一部分。"②"人直接的是自然存在物。人作为自然存在物，而且作为有生命的自然存在物，一方面具有自然力、生命力，是能动的自然存在物；这些力量作为天赋和才能、作为欲望存在于人身上；另一方面，人作为自然的、肉体的、感性的、对象性的存在物，同动植物一样，是受动的、受制约的和受限制的存在物。"③ 在这里，马克思所说的"人直接的是自然存在物"的基本要义包括两个方面的重要含义：①人类起源于未经人类改造的自然界，是原本的自然界中的存在物；②人类存在于经人类改造后的自然界中，是现实的自然界存在物。马克思这句话的两层含义，无论是从人类起源还是从现实存在的角度看，都说明人是自然生态系统中的一分子，同其他一切生物共生共存。

（2）自然界是人的无机身体。"自然界，就它自身不是人的身体而言，是人的无机的身体。人靠自然界生活。这就是说，自然界是人为了不致死亡而必须与之处于持续不断的交互作用过程的人的身体。"④"没有自然界，没有感性的外部世界，工人什么也不能创造。自然界是工人的劳动得以实现、工人的劳动在其中活动、工人的劳动从中生产出和借以生产出自己的产品的材料。"⑤ 同时，"被抽象地理解的、自为的、被确定为与人分隔开来的自然界，对人来说也是无。"⑥ 马克思在此所说的"无"，其意旨在于指出在人类社会中，脱离人类的纯粹自然是根本不存在的。

---

① 马克思、恩格斯：《马克思恩格斯全集》（第3卷），北京：人民出版社，1960年版，第48页。
② 卡尔·马克思：《1844年经济学哲学手稿》，载《马克思恩格斯文集》（第1卷），北京：人民出版社，2009年版，第161页。
③ 卡尔·马克思：《1844年经济学哲学手稿》，载《马克思恩格斯文集》（第1卷），北京：人民出版社，2009年版，第209页。
④ 卡尔·马克思：《1844年经济学哲学手稿》，载《马克思恩格斯文集》（第1卷），北京：人民出版社，2009年版，第161页。
⑤ 卡尔·马克思：《1844年经济学哲学手稿》，载《马克思恩格斯文集》（第1卷），北京：人民出版社，2009年版，第158页。
⑥ 卡尔·马克思：《1844年经济学哲学手稿》，载《马克思恩格斯文集》（第1卷），北京：人民出版社，2009年版，第209页。

如果自然界是与人分离的或者与人类毫不相干的存在，那么自然界对人类来说也是毫无意义的存在，为此，马克思提出了"人化自然"的观点。

人类在生产活动中，经由与自然界的物质、能量转换，维系和繁衍着人类的生存。马克思承认人类是自然界发展到一定阶段的产物，自然界允许人类的存在是为了利用人类的智慧改造大自然，使自然界的存在具有客观真实意义。比起自然界中的其他生灵，人类是高级动物，比起动物更具有普遍性。"无论是在人那里还是在动物那里，人类生活从肉体方面来说就在于人（和动物一样）靠无机界生活，而人和动物相比越有普遍性，人赖以生活的无机界的范围就越广阔。从理论领域来说，植物、动物、石头、空气、光等，一方面作为自然科学的对象，另一方面作为艺术的对象，都是人的意识的一部分，是人的精神的无机界，是人必须事先进行加工以便享用和消化的精神食粮；……人的普遍性正是表现为这样的普遍性，它把整个自然界——首先作为人的直接的生活资料，其次作为人的生命活动的对象（材料）和工具——变成人的无机的身体。"[①] 这段话说明了自然界也离不开人类，人类对自然界来说同样具有重要意义。在《1844 年经济学哲学手稿》中，马克思既承认自然的先在性和真实客观性，同时也承认人与自然的联系性、不可分割性。

（3）劳动实践是实现人与自然相统一的手段。人类的劳动在马克思、恩格斯的"自然—人—社会"有机整体发展理论中具有重要的地位。马克思、恩格斯将自然界、人类和社会历史三者置于一体，通过对劳动实践视野的考察，突破了过去把人和自然界对立开来的观念，提出了劳动实践是实现人与自然内在统一的唯一手段，也就是说人类通过劳动和自然内在的统一起来。马克思认为人化自然的重要特征是人类的劳动实践，人化自然的出现是劳动实践活动的必然结果。"在人类历史中即在人类社会的形成过程中生成的自然界，是人的现实的自然界；因此，通过工业——尽管以异化的形式——形成的自然界，是真正的、人本学的自然界。"[②] 在这里，马克思不仅对"劳动实践是人与自然内在统一的唯一手段"这个论点进行了阐释，它还表达了自然界通过人类的劳动实践，显示着自身存在的意义和现实价值，也揭示了人不能离开自然而独立存在，自然离开人类孤立存在也是毫无意义价值的辩证

---

① 卡尔·马克思：《1844 年经济学哲学手稿》，载《马克思恩格斯文集》（第 1 卷），北京：人民出版社，2009 年版，第 161 页。

② 卡尔·马克思：《1844 年经济学哲学手稿》，载《马克思恩格斯文集》（第 1 卷），北京：人民出版社，2009 年版，第 193 页。

关系。

人类改造自然的活动发展到如今，虽然已经从各个方面深入认识了自然界，并且已经具有改造自然的充分的能力，但是人类的实践活动依旧受自然的制约。恩格斯也曾告诫过人们，"我们不要过分陶醉于我们人类对自然界的胜利。对于每一次这样的胜利，自然界都对我们进行报复。每一次胜利，起初确实取得了我们预期的结果，但是往后和再往后却发生完全不同的、出乎预料的影响，常常把最初的结果又消除了。……因此我们每走一步都要记住：我们决不像征服者统治异族人那样支配自然界，决不像站在自然界之外的人似的去支配自然界——相反，我们连同我们的肉、血和头脑都是属于自然界和存在于自然界之中的：我们对自然界的整个支配作用，就在于我们比其他一切生物强，能够认识和正确运用自然规律。"① 如果人类一意孤行，不顾大自然的制约，必然会受到大自然的反噬给人类自身精神、身体带来威胁。"不以伟大的自然规律为依据的人类计划，只会带来灾难。"②

3.1.3　马克思对人是生态自然属性和社会历史属性内在统一的厘定

在唯物主义自然观关于地球自然界和人类发生学关系的前提下，马克思首先把人规定为自然的人，是"自然存在"。人之所以首先是自然存在，是自然人，就在于人产生于自然界，是自然界演化的一个阶段。马克思把人首先规定为自然人，是与自然同质的生命存在即是与自然具有根本统一性的自然存在，这就意味着人和动物相比没有什么特别之处，人也是整个自然界的一个成员，必须按照生态系统运行的规律进行活动，遵守生态自然规律参与生态自然循环并与自然和谐相处。

同时，马克思还指出，"现实的人"就是人不仅是自然存在物，而且其本质是社会存在物。"人是最名副其实的政治动物，不仅是一种合群的动物，而且是只有在社会中才能独立的动物。"③ 马克思强调人作为自然存在物又不同于其他自然物，人是"能动的自然存在物"。马克思揭示了这种能动性就是人具有自我意识而自由

---

① 弗·恩格斯：《自然辩证法》，载《马克思恩格斯文集》（第9卷），北京：人民出版社，2009年版，第559～560页。

② 卡尔·马克思：《马克思致恩格斯（1866年8月7日）》，载《马克思恩格斯全集》（第31卷），北京：人民出版社，1972年版，第251页。

③ 马克思：《马克思恩格斯全集》（第46卷）（上），北京：人民出版社，1979年版，第21页。

自觉活动的特征，这种自由自觉的活动，就是现实的实践创造活动。人正是通过不断的实践活动，改变着人与自然、人与人、人与社会的关系，而被其决定的人的本性与本质，也就随之变化发展。在这里，马克思就指出了人是社会存在，存在于一定的社会形式之中。

在阐释人的社会性的同时，马克思揭示了人的本质。"人的本质不是单个人所固有的抽象物，在其现实性上，它是一切社会关系的总和。"① 在马克思看来，人是在历史过程中实践着的感性存在物，从其现实性上说，人是一种包含理性在内的感性活动的存在，即实践的存在。实践是人所特有的存在方式，人在实践活动中创造出了人之为人的一切本性。"想根据效用原则来评价人的一切行为、运动和关系等，就首先要研究人的一般本性，然后要研究在每个时代历史地发生了变化的人的本性。"② 人作为社会的人、历史的人，使人成为认识的主体和实践的主体，这是人的实践的存在物的核心，从而决定了人的主体地位。

总之，按照马克思、恩格斯的基本观点，人作为一种生命物种，既是自然的人，属于自然界，是自然存在物，成为自然生态系统的一个成员，又不是一种纯粹的生物，而是一种社会性的生物，是社会的人，属于社会，成为社会经济系统的主体。这是人的本性的双重性的统一，人就是生态自然因素和经济社会因素的有机统一体。正是自然属性和社会属性的统一，才构成了人的本性，这两种属性是相互依存、相互制约、相互作用的。它在本质上就是"自然—人—社会"的有机统一整体，这就是马克思主义的一元论人学。

3.1.4 马克思对社会有机体与社会历史理论的阐释

在马克思的全部社会历史理论中，作为一般社会学范畴的社会概念，同时也是唯物主义历史观和唯物主义自然观的社会范畴。马克思指出，社会——不管其形式如何——是什么呢？是人们交互作用的产物。在生产、交换和消费发展到一定阶段上就会有相应的社会制度，相应的家庭、阶级或阶级组织，一句话，就会有相应的市民社会。

马克思在《哲学的贫困》中首次明确提出了"社会有机体"概念。"谁用政治

---

① 马克思：《马克思恩格斯选集》（第 1 卷），北京：人民出版社，1995 年版，第 60 页。
② 马克思：《马克思恩格斯选集》（第 23 卷），北京：人民出版社，1972 年版，第 669 页。

经济学的范畴构筑某种思想体系的大厦，谁就是把社会体系的各个环节割裂开来，就是把社会的各个环节变成同等数量的依次出现的单个社会。其实，单凭运动、顺序和时间的唯一逻辑公式怎能向我们说明一切关系在其中同时存在而又互相依存的社会机体呢？"① 在《资本论》第 1 版序言中，马克思更明确指出："现在的社会不是坚实的结晶体，而是一个能够变化并且经常处于变化过程中的有机体。"② 在马克思看来，社会有机体是指由"社会体系的各个环节"、各种要素构成，并"同时存在而又相互依存"的连续发展过程的有机整体。恩格斯也认为人类社会整体是一个多层次、多环节构成的复杂的活的有机体，并明确指出社会有机体的发展动力是多种因素结合的、整体的辩证运动过程，即"整个伟大的发展过程是在相互作用的形式中进行的"。③ 因此，马克思、恩格斯社会有机体实质是一个反映人类社会诸多要素之间的全面性联系与有机性互动的充满生机与活力的整体性、辩证性范畴。

马克思、恩格斯在阐明自然与人的不可分割性的同时，阐明社会与人的不可分割性。人作为社会存在物，其社会存在的本性在于人是社会的人和社会是人的社会的内在统一。一方面，人是社会的主体，每个人都同他人相联系，都生活在社会关系中。马克思认为，人的全部活动和享受，无论就其内容或就其存在方式来说，都是社会的，是社会的活动和社会的享受。因此，人本身的存在就是社会的活动，人无论是个人还是群体，都只有在社会中才能得以存在和发展。马克思在揭示人与社会的内在统一时说过："社会性质是整个运动的一般性质；正像社会本身生产作为人的人一样，人也生产社会。"④ 这就是说，人是社会成员，离开了社会，人就失去了自己的本质，人就不成为其人，社会规定着人的本质。另一方面，社会是人的存在方式，社会是由人组成的共同体，是以人的存在为前提与标志的。马克思深刻地揭示了社会发展与人的发展的本质的内在联系，社会是人存在与发展的形态，人是一定社会结构的整合的社会存在物，离开了人，社会就失去了自己的本质与发展的目标，社会就不成其为社会。人的发展规定着社会的发展。

马克思认为人的自主性和能动性的发挥是一个社会化的过程，人只有同他人结成一定的社会关系，才能把自身在自然中的潜能发挥出来。因此，在马克思的视野

---

① 马克思：《马克思恩格斯选集》（第 1 卷），北京：人民出版社，1995 年版，第 143 页。
② 马克思：《马克思恩格斯选集》（第 2 卷），北京：人民出版社，1995 年版，第 102 页。
③ 恩格斯：《马克思恩格斯选集》（第 4 卷），北京：人民出版社，1995 年版，第 705 页。
④ 马克思：《马克思恩格斯全集》（第 42 卷），北京：人民出版社，1979 年版，第 121 页。

里，人与自然的关系在现实生活中表现为人类社会与自然界的关系，也只有在社会中才能得到和谐统一。"只有在社会中，自然界对人说来才是人与人联系的纽带，才是他为别人的存在和别人为他的存在，才是人的现实的生活要素；只有在社会中，自然界才是人自己的人的存在的基础。只有在社会中，人的自然的存在对他说来才是他的人的存在，而自然界对他说来才成为人。因此，社会是人同自然界的完成了的本质的统一。"^① "社会是人同自然界本质的统一"的观点充分表达了马克思的唯物史观和自然观相统一的思想。人与自然界在美好的理想社会中完成了本质的统一，社会和谐寓于人与自然的和谐统一之中，这是马克思对人类理想社会中人与自然和谐关系的经典描述，也是马克思把"自然—人—社会"看成一个有机统一整体的自觉的理论表达。

马克思、恩格斯关于"自然—人—社会"有机整体发展的自然辩证法和历史辩证法思想，其根本精神在于不是把人类社会生产和生活的各个领域视为分散的和封闭孤立的存在，而是视为"自然—人—社会"有机体系统中的各个要素相互依存、相互制约、相互作用的有机统一整体。这样，它就必然强调人类文明的发展取决于有机系统内部各要素以及有机系统与现实环境之间多因素的非线性的相互作用与相互影响，关注人类文明发展的整体性、辩证性以及全面性、协调性与可持续性。

马克思、恩格斯关于自然、社会和思维发展的规律性的一个基本看法，就是"自然—人—社会"是一个统一的有机整体。马克思、恩格斯关于"自然—人—社会"有机整体发展理论，不仅已成为当今建设社会主义生态文明的主要思想渊源，而且为绿色社区、建设绿色社区和绿色社区建设提供了科学依据。

3.2 马克思、恩格斯的生态文明观

在马克思、恩格斯的思想宝库中，包含着丰富的生态文明思想、理论观点和鲜明的生态思维方式。他们研究了资本主义发展初期的生态危机、揭示了资本主义制度下由于科技异化带来的人自身的异化、生态危机的产生及其人与人、人与自然的关系；尤其是他们在其经典著作中对社会主义、共产主义文明条件下的生态文明的科学设想，深刻揭示了人类文明进步与发展的客观规律。

---

① 马克思：《马克思恩格斯全集》（第 42 卷），北京：人民出版社，1979 年版，第 122 页。

3.2.1　马克思、恩格斯生态文明观的理论基础

马克思、恩格斯的生态文明观同整个马克思、恩格斯的思想理论一样，是一个严谨的有机整体，是马克思、恩格斯全部思想理论的科学证明和深刻运用。因此，我们首先要阐述马克思、恩格斯生态文明观的理论基础。

（1）马克思、恩格斯生态文明观的哲学经济学理论基础。马克思、恩格斯从现实的人和现实的自然界在本质上是统一的这个历史发展的现实基础出发，深刻地论证了自然—人—社会三者之间具有一体性或整体性，从而向我们揭示了一个客观真理："人靠自然界生活。"人"不仅生活在自然界中，而且生活在人类社会中"，这是自然—人—社会的不可分离的内在统一性；并强调通过人类物质生产实践的方式实现人类社会和自然界的和谐统一。人类社会的经济实践活动作为人类劳动过程，首先表现为人与自然之间的物质变换过程，正是在这种物质变换过程之中，自然生态环境就成为人类社会物质生产、劳动过程的一个构成要素，并且作为一种内在要素存在于人类社会经济之中。马克思、恩格斯通过把自然界纳入人类社会的劳动过程，使自然界既成为劳动对象和劳动资料的自然界，即作为人类物质生产活动的基本要素，又成为人的存在，即作为人类存在的组成部分，或者说是人与发展的基本要素。这样，马克思主义经济学使用自然生态环境概念时，是指人类物质生产活动中的自然生态环境，它首先主要表现为人类经济活动的内在要素，并与作为外部条件的自然生态环境交织在一起。因此，"自然生态环境具有人类物质生产活动内在要素的经济学意义，实质上就是具有生态经济学意义，它就必然构成马克思生态经济理论的主线，显示出了马克思主义经济理论中自然生态与社会经济内容内在统一的经济学哲学基础。"①

（2）马克思、恩格斯的生态文明观的科学社会主义理论基础。马克思、恩格斯依据唯物史观和人类文明发展规律，设想的未来理想社会最根本的要义就是消除了资本主义社会的自然—人—社会之间根本对立的那种极不协调、不和谐的社会文明。因此，他们用历史的逻辑预言，在社会主义、共产主义社会文明全面发展框架中，人、整个社会和自然界是协调和谐的，整个社会中人与人、人与社会也是协调

---

① 刘思华：《生态马克思主义经济学原理》，北京：人民出版社，2006 年版，第 121 页。

和谐的。马克思坚定不移地相信，到了共产主义社会文明消除了资本主义社会文明那种由人的异化引起的社会异化、自然异化等非人性、非人道、片面性的极度畸形发展状况时，自然—人—社会之间的矛盾才能真正解决。因此，解放人而实现人的全面发展，解放自然而使整个自然界复活，就成为马克思、恩格斯所设想的社会主义、共产主义社会文明发展的两大理想目标与基本任务。可见，科学社会主义、共产主义学说揭示了社会主义、共产主义社会文明的人、社会、自然内在统一及其人与自然、人与人之间矛盾真正解决的最终方向，提出了合理解决与协调双重矛盾的伟大目标及其双重协调机制等，从而成为马克思主义生态文明观的科学社会主义理论基础。

3.2.2 马克思、恩格斯对生态环境问题根源的阐释

马克思、恩格斯认为，资本主义生产方式相较于封建社会的生产方式来说，生产力得到了极大的飞跃，是人类生产方式的巨大进步。但是，人类赖以生存的生态环境也遭到了前所未有的惨烈破坏，资本主义生产方式是问题产生的根源。

（1）由于资本主义生产以最大限度地谋取剩余价值为目的，资本家组织生产只考虑利润，而对造成的其他后果漠不关心，所以，资本主义生产方式不仅要掠夺和剥削劳动者，也必然会掠夺和盘剥自然，造成对自然环境的破坏。马克思论述了资本主义社会异化条件下导致自然界日益破败的经济社会根源，恰是源自以单纯追求利润最大化为目的，最大限度地榨取剩余价值的异化生产。马克思在《资本论》中指出："资本主义由于无限度地盲目追逐剩余劳动，像狼一般地贪求剩余劳动，不仅突破了工作日的道德极限，而且突破了工作日的纯粹身体极限。……正像贪得无厌的农场主靠掠夺土地肥力来提高收获量一样。"[①] 马克思由此得出结论："劳动本身，不仅在目前的条件下，而且就其一般目的仅仅在于增加财富而言，在我看来是有害的、招致灾难的。"[②]

在资本主义生产中，由于资本增殖的逻辑，表现为对财富永无止境的追逐和对

---

① 卡尔·马克思：《资本论》（第1卷），载《马克思恩格斯文集》（第5卷），北京：人民出版社，2009年版，第306～307页。

② 卡尔·马克思：《1844年经济学哲学手稿》，载《马克思恩格斯文集》（第1卷），北京：人民出版社，2009年版，第123页。

自然贪得无厌的索取，造成了人与人之间、人与自然之间的异化关系。"一切以前的社会阶段都只表现为人类的地方性发展和对自然的崇拜。只有在资本主义制度下自然界才真正是人的对象，真正是有用物"[1]，资本主义阶段的自然界，就成为人类的掠夺和盘剥的对象。资本家将自然环境和资源作为追逐利润的物质前提和方式，一切手段，无所不尽其用。历史事实一再告诉我们，资本主义工业革命的过程，也正是人类大规模破坏自然环境的过程，其程度令人触目惊心。恩格斯指出："所有已经或者正在经历这种过程的国家，或多或少都有这样的情况。地力耗损——如在美国；森林消失——如在英国和法国，目前在德国和美国也是如此；气候改变、江河干涸在俄国大概比其他任何地方都厉害，因为给各大河流提供水源的地带是平原，没有像为莱茵河、多瑙河、罗讷河及波河提供水源的阿尔卑斯山那样的积雪。"[2]

（2）资本主义生产方式只顾及眼前的经济利益，导致自然界日益败落，人与自然的背离在所难免。马克思、恩格斯认为，在资本主义生产方式下，唯利是图的资本家只会盯着眼前的经济利益和生产利润，完全无视对社会和生态环境的影响，更不可能会有顾及自然、保护生态环境的行为。由此必然会使生态环境持续恶化。恩格斯在《自然辩证法》中谴责资本主义生产方式对森林资源的破坏，继而导致生态环境严重恶化的后果，表达了一个重要的观念："在今天的生产方式中，面对自然界和社会，人们注意的主要只是最初的最明显的成果，可是后来人们又感到惊讶的是：取得上述成果的行为所产生的较远的后果，竟完全是另外一回事，在大多数情况下甚至是完全相反的。"[3] 在此，恩格斯通过对森林资源乱砍滥伐问题的分析，详细理清了人类物质生产的短期利益和长远利益的辩证关系，即人类的物质生产只讲短期利益而无视长远利益，可能暂时是获益的，但是，这是以牺牲长远利益为代价，并且在长远利益上的损失，会远远大于暂时的短期的获益。这些都是在资本主义生产方式下，破坏生态环境的利益动机。

（3）在资本主义生产方式下造成的异化劳动，使人与自然的对立日益尖锐化。

---

[1] 卡尔·马克思：《政治经济学批判（1857—1858年手稿）》，载《马克思恩格斯文集》（第8卷），北京：人民出版社，2009年版，第90页。

[2] 弗·恩格斯：《恩格斯致尼古拉·弗兰策维奇·丹尼尔逊（1892年6月18日）》，载《马克思恩格斯文集》（第9卷），北京：人民出版社，2009年版，第627页。

[3] 弗·恩格斯：《自然辩证法》，载《马克思恩格斯文集》（第9卷），北京：人民出版社，2009年版，第563页。

马克思在《1844 年经济学哲学手稿》中全面、系统地阐述了他的异化劳动理论，揭露了私有财产的存在必然造成异化劳动，因而必然给工人阶级和整个人类带来灾难性的后果。马克思在对异化劳动的揭示中指出，工人在创造财富的同时，却为自己带来灾难。他说："劳动为富人生产了奇迹般的东西，但是为工人生产了赤贫。劳动生产了宫殿，但是给工人生产了棚舍。劳动生产了美，但是使工人变成畸形。劳动用机器代替了手工劳动，但是使一部分工人回到野蛮的劳动，并使另一部分工人变成机器。劳动生产了智慧，但是给工人生产了愚钝和痴呆。"① 马克思认为，人的异化劳动促使了自然的人化和人的自然化，但也导致了人类对自然界资源的过度利用和野蛮开发，最终引发了人与自然界的矛盾。"异化劳动从人那里夺去了他的生产的对象，也就从人那里夺去了他的类生活，即他的现实的类对象性，把人对动物所具有的优点变成缺点，因为人的无机的身体即自然界被夺走了。"② 而人与自然的异化又是人类对自然不合理的占有而造成的人与人之间异化的结果。"异化劳动使人自己的身体同人相异化，同样也使在人之外的自然界同人相异化，使他的精神本质、他的人的本质同人相异化。"③ 在资本主义经济制度下，资本主义生产的终极目的，无外乎就是最大限度地榨取剩余价值。这种追求利润最大化的生产方式，必然是永无休止地扩大再生产，从而导致自然资源的大量开采和生态环境的持续污染。在这种生产模式的刺激下，人与自然的异化也到了无以复加的地步，成为资本主义矛盾日益尖锐化的必然趋势。

站在我们今天的现实观察，人与自然关系的异化，进而导致的种种生态环境问题，是人类历史发展过程中必然出现的。人类社会发展的第四个阶段资本主义社会，其本质是资本家不惜一切代价榨取剩余价值，这就造成了对自然的残酷掠夺，"而对自然界的独立规律的理论认识本身不过表现为狡猾，其目的是使自然界（不管是作为消费品，还是作为生产资料）服从于人的需要。"④ 虽然在近几十年，资本主

① 卡尔·马克思：《1844 年经济学哲学手稿》，载《马克思恩格斯文集》（第 1 卷），北京：人民出版社，2009 年版，第 158～159 页。

② 卡尔·马克思：《1844 年经济学哲学手稿》，载《马克思恩格斯文集》（第 1 卷），北京：人民出版社，2009 年版，第 163 页。

③ 卡尔·马克思：《1844 年经济学哲学手稿》，载《马克思恩格斯文集》（第 1 卷），北京：人民出版社，2009 年版，第 163 页。

④ 卡尔·马克思：《政治经济学批判（1857—1858 年手稿）》，载《马克思恩格斯文集》（第 8 卷），北京：人民出版社，2009 年版，第 90～91 页。

义社会中工人阶级的生活比起原来有大幅度地改善，但是工业的新兴、科学技术的大规模应用，依然在造成对自然残忍的破坏和对资源肆无忌惮的占有，有些地区还在愈演愈烈。人类破坏了人与自然的和谐状态，破坏了自然界的生态平衡，迫使整个生态系统处于危机边缘，人类面对的是历史上最严重的生态威胁。不变革资本主义制度，不可能解决人与自然关系的异化，更不可能真正解决人与自然的矛盾。

3.2.3　马克思、恩格斯对科学技术的生态影响二重性的阐释

马克思、恩格斯从辩证唯物主义出发，深度阐释了科学技术与自然、人三者之间的重要关系。在马克思看来，科学技术的进步促进了社会文明的发展与进步，实现了人类的自然解放与自由发展。同时，马克思也深刻指出：科学技术在给人类带来了巨大福利的同时，也带来严重的生态危机。

科学技术进步推进了社会的发展与进步，对生态发展具有积极的作用。随着科学技术的快速发展，人类社会进入了一个崭新的时期，人类开始走向了征服自然的道路，随着科学技术的飞跃，人类渐渐地征服自然、开拓与利用自然的速度更是加大了步伐。在面对丰富的自然资源时，人类利用有效的技术手段来进行开发和利用，使得自然资源范围在深度和广度上拓展，同时也使得环境的有效的保护更加先进、更加合理、更加完善。在资本主义社会，资本家们不断地加大对工人的剥削，从而追求更多的剩余价值，开始大规模地使用先进科学技术。先进技术的使用，使得工厂主可以以更少的投入获得更多的产出，从而大大促进了生产力的发展，也使得生态资源环境得到有效的利用和保护。

然而，在资本主义社会，科学技术却对生态产生了巨大的破坏作用。在资本主义生产方式下，"科学技术在一定程度上得到了很大的提升，与此同时，自然界的土地和劳动生产中的工人或多或少受到了破坏与伤害。"[①] 在资本主义社会，资本家为了更多的剩余价值，最大限度地压榨工人，必然会将科学技术应用到在工人的生产劳动的过程之中。在先进科学技术的支持下，越来越多的自然资源作为原材料被开发出来，土地被大肆开发，森林被大规模地任意砍伐，而他们在利用之后却从来不愿意去保护自然资源的可循环性。科学技术"它一方面聚集着社会的历史动力，

---

① 马克思、恩格斯：《马克思恩格斯全集》（第13卷），北京：人民出版社，1962年版，第476页。

另一方面又破坏着人和土地之间的物质变换。"① 在生产过程中，资本家大量使用先进科学技术，提高了生产效率，为资本家产出了更多的商品，但与此同时也带来了更多的生活垃圾、生产废品、生活污水。对于农业资本家来说，为了追求产量，在土地上大量施加各种化学肥料和农药，从而破坏了农业生态环境。这就表明，在资本主义生产方式下，科学技术的大量应用，在给资本家带来巨额利润的同时，却严重破坏了生态环境，人与自然间的关系遭到严重破坏。在生产过程中，资本家为了追求巨额利润大量使用先进科学技术，但是工人们不仅没有得到更多的回报，而且受到的剥削程度更深，"资本主义制度却正是要求人民群众处于奴隶地位，使他们本身转化为雇工，使他们的劳动资料转化为资本。"② 由此，工人阶级与资产阶级之间、人与社会间的关系紧张，社会和谐被破坏。与此同时，科技进步使得生产规模不断扩大，"资本主义的大工业不断地从城市迁往农村，因而不断地造成新的大城市。"③ 大量工厂的建立，大量劳动力不断涌入，大量的消费需求与消费垃圾，使得城市生态环境容纳能力遭遇巨大压力。城市"到处都弥漫着煤烟，肮脏的大杂院，一条黑水流过这个城市，很难说这是一条小河还是一长列臭水洼"④。由此可以看出，在资本主义条件下，科学技术的发展不仅加剧了对工人的剥削，也对环境、自然、人类本身造成巨大的危害。

由此可见，在资本主义生产方式下，科学技术不再是为了说明事物的某种特性和属性，进而提高和改善这种状态更好地为人类服务，加剧了人与自然的不和谐性。在科学技术的不断运用中，资本主义下的资本家与工人之间的矛盾不断地恶化，资本家获得了更多的利益，并加深了对工人身体与身心的压迫，从而激化了人与人之间的矛盾。"财富的新源泉，由于某种奇怪的、不可思议的魔力而变成贫困的源泉。"⑤ 要使科学技术回归它的本来，唯一的途径就只有革新资本主义的生产方式了。

---

① 马克思、恩格斯：《马克思恩格斯全集》(第 13 卷)，北京：人民出版社，1962 年版，第 474 页。
② 马克思、恩格斯：《马克思恩格斯全集》(第 2 卷)，北京：人民出版社，1972 年版，第 226 页。
③ 马克思、恩格斯：《马克思恩格斯全集》(第 3 卷)，北京：人民出版社，1995 年版，第 452 页。
④ 马克思、恩格斯：《马克思恩格斯全集》(第 1 卷)，北京：人民出版社，1995 年版，第 193 页。
⑤ 马克思、恩格斯：《马克思恩格斯全集》(第 1 卷)，北京：人民出版社，1995 年版，第 433 页。

3.2.4 马克思、恩格斯解决人与自然矛盾、实现人与自然相统一的对策

既然在资本主义生产方式下不可能使人与自然的紧张关系得到真正解决，那么，生态环境问题的解决就必须以彻底革新资本主义生产方式为前提，就必然要求用社会主义制度取代资本主义制度，用社会主义生产方式取代资本主义生产方式，最终步入共产主义社会，实现人与自然的真正和解，和谐共存。

马克思、恩格斯主张将生态环境问题置于社会现实中考察，把人的解放、社会制度的变革和自然的和谐统一起来，因为人与人之间的关系和人与自然的关系，在实践中是同时发生的，"人对自然的关系直接就是人对人的关系，正像人对人的关系直接就是人对自然的关系，就是他自己的自然的规定。"①人和自然之间的和解，依赖于生产关系和社会制度，即人与自然的关系受制于人与人的社会关系，并需要整个社会一致的解决。恩格斯认为："仅仅有认识还是不够的。为此需要我们的直到目前为止的生产方式，以及同这种生产方式一起对我们的现今的整个社会制度实行完全的变革。"②因此，解决人与自然的矛盾与解决人与人的矛盾必须同时进行。

马克思在《政治经济学批判（1857—1858年手稿）》中，提出了彻底改变资本家贪婪的本性、解决人与自然矛盾的对策，就是变革社会制度，实现共产主义，阐释了共产主义是人与自然相统一的最高境界。"共产主义是对私有财产即人的自我异化的积极的扬弃，因而是通过人并且为了人而对人的本质的真正占有；……这种共产主义，作为完成了的自然主义，等于人道主义，而作为完成了的人道主义，等于自然主义，他是人和自然界之间、人和人之间的矛盾的真正解决，是存在和本质、对象化和自我确证、自由和必然、个体和类之间的斗争的真正解决。"③在理论形态上，共产主义是自然主义和人道主义的和谐统一，这是共产主义的哲学基础。自然主义把自然界看作世界的唯一真正的本体和基础；人道主义强调人是世界的真正主人，人本身具有最高的价值，同时人还是人类社会历史上的一切创造物的主体本

---

① 卡尔·马克思：《政治经济学批判（1857—1858年手稿）》，载《马克思恩格斯文集》（第8卷），北京：人民出版社，2009年版，第90～91页。
② 弗·恩格斯：《自然辩证法》，载《马克思恩格斯文集》（第9卷），北京：人民出版社，2009年版，第561页。
③ 卡尔·马克思：《1844年经济学哲学手稿》，载《马克思恩格斯文集》（第1卷），北京：人民出版社，2009年版，第185页。

质和基础。共产主义是"自然主义"和"人道主义"完成了的统一，也就是说，充分发展了的完备的以自然界为基础的唯物主义应该以人为中心；而充分发展了的完备的人道主义，应该把人首先看作是自然界的一部分，与自然主义相一致。生态学马克思主义的代表人物福斯特也认为，把自然主义作为共产主义的一个主要特征，强调共产主义就是人道主义与自然主义的有机结合，是马克思在《1844 年经济学哲学手稿》中所表现出来的生态世界观的最根本之处。①

综上所述，在马克思的预言下，共产主义是资本主义发展高度成熟之后的一个更高级的社会形态。共产主义是人与自然、人与人之间关系的高度和谐，是实现人的个性自由、全面发展的社会形态，是人类改造自然的生产力高度发展、人从精神上认识自然界的科学知识和思想观念高度发展的社会形态。只有共产主义才能真正把自然界作为人类的无机身体，并对人类自己的无机身体给予保护，"社会是人同自然界的完成了的本质的统一，是自然界的真正复活，是人的实现了的自然主义和自然界的实现了的人道主义。"② 所以，共产主义已成为现代人类社会实践活动的最高目标，也只有共产主义社会能够解决人和自然的矛盾，挽救深陷于生态危机的人类社会。

马克思、恩格斯的生态文明观，为建设社会主义生态文明、大力推进绿色发展、建设绿色社区提供了宝贵的理论支撑。马克思以其锋利的思想之剑击中了生态问题的本质所在，从哲学层面上科学解答了人与自然的关系。他的思想给我们的启示是：①人类的诞生、生存、发展等都离不开自然界，人类必须要与自然界协调发展、和谐共存，必须保护生态环境。②人与自然的和谐共存是生态文明建设的主题，同时也是人民群众的内在要求，因此，建设社会主义生态文明、大力推进绿色发展、建设绿色社区必须"以提高人民群众生活质量为根本出发点"，以人为本，实现人与自然的和谐共存、共生、共赢。③马克思、恩格斯对生态环境问题产生原因的深刻分析，使我们认识到建设社会主义生态文明、大力推进绿色发展、建设绿色社区必须树立尊重自然、顺应自然、保护自然的理念。④新的科学技术的开发与应用，应充分认识生态环境的实际承载能力，必须认识到科学技术的异化给人类带来的生态环境危害。"我们时代为其在人的理智发展中所取得的进步而自豪。……当然，我

① 陈学明：《谁是罪魁祸首——追寻生态危机的根源》，北京：人民出版社，2012 年版，第 114 页。
② 卡尔·马克思：《1844 年经济学哲学手稿》，载《马克思恩格斯文集》（第 1 卷），北京：人民出版社，2009 年版，第 187 页。

们一定要注意，切不可把理智奉为我们的上帝；它固然有强有力的身躯，但却没有人性。……理智对于方法和工具具有敏锐的眼光，但对于目的和价值却是盲目的。"① "关心人的本身，应当始终成为一切技术上奋斗的主要目标；……用以保证我们科学思想的成果会造福于人类，而不致成为祸害。"②

从马克思、恩格斯的生态文明观中汲取合理价值并加以发展创新，在建设社会主义生态文明、大力推进绿色发展、建设绿色社区过程中，正确处理人类与环境、经济的关系具有指导意义。秉持马克思、恩格斯的生态观，是在实践上不断推进中国特色生态文明建设，努力建设"美丽中国"，实现人与自然的和谐相处，进而实现中华民族永续发展的根本保证。

3.3　社会主义生态文明理论

马克思、恩格斯关于社会主义、共产主义社会文明条件下人与自然和人与人之间协调和谐发展的深刻内涵，在实质上是社会主义生态文明理论。当今社会主义生态文明观念与理论完全可以在科学社会主义、共产主义学说中找到理论渊源。

3.3.1　社会主义生态文明理论的提出

在我国，以刘思华教授为代表的一批生态马克思主义学者，从中国特色社会主义现代文明建设的基本实践出发，提出和阐明了建设社会主义生态文明的新命题、新理论，并使之构成中国特色社会现代文明理论的一个根本论点。早在 1991 年，刘先生就强调我们要"把保护和改善生态环境，创造社会主义生态文明作为社会主义现代化建设的一项战略任务，努力实现经济社会和自然生态的协调发展。"③ 这应该是在国内外理论与学术界中最早明确提出的"创建社会主义生态文明"命题。而党的十七大首次把"建设生态文明"写入大会报告，使它从学界马克思主义的视野进入政界马克思主义视野，成为中国特色社会主义理论体系中的一个重要论点。

---

① 爱因斯坦：《人类生活的目标》，载《爱因斯坦文集》（第三卷），北京：商务印书馆，1979 年版，第 190 页。
② 爱因斯坦：《要使科学造福于人类》，载《爱因斯坦文集》（第三卷），北京：商务印书馆，1979 年版，第 72 页。
③ 刘思华：《企业生态环境优化技巧》，北京：科学出版社，1991 年版，第 477 页。

党的十七大标志着我们党最终确立了社会主义生态文明是一种独立的崭新的现代文明形态，是中国特色社会主义现代文明体系的一个重要组成部分，从而实现了社会主义现代文明的整体形态从邓小平理论的社会主义物质文明和精神文明"二位一体论"，到"三个代表"重要思想的社会主义物质文明、政治文明、精神文明"三位一体论"，向社会主义现代文明——物质文明、政治文明、精神文明、生态文明"四位一体论"的转变。这是马克思主义全面发展文明观和生态文明观在当代中国的新发展。

3.3.2 社会主义生态文明是社会主义的本质属性和重要特征

科学社会主义认为，社会主义、共产主义社会"是人同自然界的完成了的本质的统一，是自然界的真正复活"。也就是说，社会主义、共产主义社会是自然—人—社会复合生态系统，这种复合生态系统的协调和谐发展，主要表现为人的社会生态关系的协调和谐同人与自然生态关系的协调和谐。只有这样，社会主义、共产主义社会文明发展，才能是最终实现了"人类同自然的和解以及人类本身的和解"的生态文明社会，"是人和自然界之间、人和人之间的矛盾的真正解决"，这是社会主义、共产主义内在本质属性的表现。马克思主义是把人与自然之间和人与人之间矛盾的真正解决，看成是社会主义、共产主义文明发展和人类社会文明发展的最高价值取向，这实质上是把人与自然和人与人之间协调和谐发展的生态文明，看成是社会主义、共产主义文明发展和人类社会文明发展的最高价值取向。因此，社会主义生态文明作为资本主义工业文明的时代性扬弃，它不仅应当而且必须是现代社会主义社会文明发展的最高价值取向，它不仅应当而且必须成为现代社会主义文明发展的一个重要特征。

3.3.3 "生态和谐"是社会主义生态文明的核心价值观

社会主义生态文明的根本宗旨，在于使现代社会主义文明发展具有高度的和谐性和可持续性，它的基本要义应是实现人与自然、人与人、人与社会、人自身的整体和谐共生和全面可持续发展。①社会主义生态文明是人们对传统文明形态特别是资本主义工业文明反人性（即反社会性）和反生态性（即反自然性）进行深刻反思的成果。现代社会主义文明发展的协调和谐性和可持续性集中体现在社会主义有机体的人与自然、人与人、人与社会、人自身的整体协调和谐共生的发展关系，正是这种发展关系构成了现代社会主义的本质，是现代社会主义文明发展的主要标志，也是 21 世纪人类文明进步的基本尺度。②生态马克思主义经济学认为，狭义的生态和谐是指人与自然的和谐发展，即自然生态和谐；人与人、人与社会的社会有机体的和谐发展关系，将自然生态的和谐思想扩展到人与人、人与社会的发展关系，则是一种人与人、人与社会的社会生态和谐；人自身关系的和谐发展，也是一种扩展的生态和谐，可以称为人类生态和谐。这"四大生态和谐"正是构建社会主义和谐社会的基本内容和价值目标。生态文明现代的本质特征和总体要求，就是对"四大生态和谐"的不断追求和递进实现，成为建设社会主义生态文明自觉的价值取向。因此，生态和谐是社会主义生态文明的核心命题即核心价值观，它渗透和体现在中国特色社会主义文明发展的各个领域与各个环节。③社会主义和谐社会同社会主义生态文明具有内在的一体性。社会主义和谐社会是人与自然、人与人、人与社会、人自身和谐共生的社会，正是在这个意义上说，四大生态和谐建设是社会主义和谐社会建设的核心。我们党鲜明地提出"社会和谐是社会主义的本质属性"的科学论断，就是把和谐规定为社会主义的本质属性和价值目标，是中国特色社会主义文明发展的根本体现。

党的十八大以来，中国共产党人依据国内外形势的新变化，我国经济社会的新发展，社会结构、社会生活、社会利益格局变动的新情况，人的可持续生存与全面发展和自然生态发展面临的新问题，广大人民群众的新期待、新要求，把经济发展、政治发展、文化发展、社会发展、生态发展紧密联系起来作为一个有机统一整体，揭示了 21 世纪中国社会主义文明是人、社会、自然复合系统的整体性，反映了我们党把全面建设小康社会的发展蓝图、奋斗目标和更高要求，放在人、社会、自然有机统一的整体发展观中。这是对马克思、恩格斯"自然—人—社会"是一个统一的有机整体理论的创新与发展，为我们指明了在新历史起点上实现绿色发展与和谐发展的康庄大道。

3.4　中国传统文化的生态智慧和生态思想

中国有着非常丰富的生态文明的本土资源，它是我们需要加以继承、挖掘的深厚土壤。中国传统文化的生态思想源远流长，特别是儒家、道家、佛教中蕴含着丰

富的生态文明智慧，尽管三者之间的思想观念存在很大差异，然而在对待人与自然
的关系上，却有着根本的一致性。三者都具有相同的有机整体世界观，都具有尊重、
爱护万物的生态伦理思想，都主张顺应时令，节约用物。英国著名汉学家李约瑟博
士就曾经总结说："古代中国人在整个自然界寻求秩序与和谐，并将此视为一切人
类关系的理想。"[①] 可见，中国传统文化的生态思想和生态智慧是我们当今建设生
态文明的重要资源，是需要我们传承和汲取其精华和智慧的。

3.4.1 "天人合一、物我一体"的整体和谐思想

认识和把握人与自然关系的内涵，是认识和理解传统生态智慧的关键。传统生
态思想是在对人与自然关系的思辨和追问中逐步形成和发展的。传统生态思想的核
心价值观是天人合一。主要是从主客体统一的角度，深入探讨人与自然之间的关系
问题，提出天道与人道的统一。《周易》把儒家的生态自然观表述为"三才论"，认
为整个宇宙由"天""地""人"三才组成，并认为只有"兼三才"才能构成一个完
整的生存物（"成卦"）。其本质是"主客合一""天人合一"。"其中，天的含义在中
国古代有着丰富的内涵。冯友兰先生认为："在中国文字中，所谓天有五义：曰物
质之天，即与地相对之天。曰主宰之天，即所谓皇天上帝，有人格的天、帝。曰运
命之天，乃指人生中吾人所无奈何者，如孟子所谓'若夫成功则天也'之天是也。
曰自然之天，乃指自然之运行，如《荀子·天论篇》所说之天是也。曰义理之天，
乃谓宇宙之最高原理，如《中庸》所说'天命之为性'之天是也。"[②] "天人合一"
强调"物我一体"，儒家认为，世界万物都是由天地交感而生，天地是人和万物的
共同根源，人和万物都有其价值，应该爱惜和尊重万物的存在。人源于自然并统一
于自然，"有天地然后有万物，有万物然后有男女"，天地与人的关系是部分与整体
的关系，人与自然万物和谐共生、相互依赖、相互作用，形成了和谐统一的整体。

孔子强调"知天命""畏天命"，进而"乐山乐水"，自觉地靠自身的努力，"人
能弘道，非道弘人。"（《孔子·论语·卫灵公》）强调人道与天道的统一，注重"天
人合一"的实现。孟子发展了孔子的天人合一思想，他赋予天以道德的属性。他指

---

① 潘吉星：《李约瑟文集·李约瑟博士有关中国科学技术史的论文和演讲集》，沈阳：辽宁科学技术出版社，
   1986 年版，第 388 页。

② 冯友兰：《中国哲学史》（上册），上海：华东师范大学出版社，2000 年版。

出，人类要认识自己的善性，只要扩充自己的本心，就可以认识天。"尽其心者，知其性也。知其性，则知天矣。"（《孟子·尽心上》）他认为，只有充分发挥其本心的作用，才能达到天人合一的崇高境界。

道家强调天地万物同一的思想。老子认为，人类与万物是一个普遍联系的有机整体，二者都源于自然并复归于自然。构成这个整体的各要素间由"道"统而网之，形成紧密的"天网"①，所有的万物，无论是有生命的存在还是无生命的存在都只是相互关联、相互交织的生态之网上的一个节点。人类不可能脱离自然之网而独立存在。庄子强调天地与万物之间是相互依存、不可分离的关系，而不是孤立片面的存在。"天地一指也，万物一马也"（《庄子·齐物论》）意思是，天地万物具有同质性，进一步肯定了人与万物一体的整体观思想。庄子认为，必须把握人在宇宙中的地位，洞悉人与天地万物的关系，这是人类生存的最高意义。"知天之所为，知人之所为"（《庄子·内篇·大宗师》），主动追求"人与天一也"（《庄子·山木》）的道境。只有达到天人合一境界的"真人"（《庄子·大宗师》），才会自觉放弃征服自然的活动，并以审美的态度去体会人与自然融为一体的和谐之美。②

3.4.2 尊重生命、爱护万物的生态伦理思想

中国传统生态智慧坚信天地有生生之大德、道有辅育万物生长之至善，提倡效法天地之德，要求人们树立尊重生命，爱护万物的生命伦理观。为此，人类应遵从天道，促进自然万物的价值、平等与和谐的充分展现。道家以"道"为本源，认为"道生一，一生二，二生三，三生万物"，强调"人法地，地法天，天法道，道法自然"，主张天地万物"道通为一"，只有崇尚和顺应自然，才能达到"天地与我为一，万物与我并生"的最高境界。

既然人类不是世界的中心，也无权凌驾万物之上。那么在生态整体系统中，人应该在自然之中。人应"为天地立心"（北宋·张载），人应关心其他生命，维护生态系统的稳定，自觉承担"赞天地之化育"（《礼记·中庸》）的宇宙责任。这正是老子所谓的"天之道，利而不害。圣人之道，为而不争。"（《老子·第81章》）。

"仁"是中国儒家的核心思想之一，提倡"泛爱众而亲仁"。儒家思想的代表者

---

① 饶尚宽：《老子》（译注），北京：中华书局，2006年版，第176页。
② 佘正荣：《"自然之道"的深层生态学诠释》，载《江汉论坛》2001年第1期。

认为，人与自身的和谐，可以促进人能够善待自然。儒家主张通过家庭以及社会将伦理道德原则扩展到自然万物，体现了以人为本的价值取向和人文精神。继孔子之后，孟子提出以"善"为基础的"亲亲、仁民、爱物"的伦理观念，"君子之于物也，爱之而弗仁；于民也，仁之而弗亲。亲亲仁民，仁民而爱物"（《孟子·尽心上》）。从"仁者爱人"扩展到"仁者爱物"，体现了对生命和大自然的善意关怀和尊重。"劝君莫打枝头鸟，子在巢中待母归"。儒家把人类对生物的关爱看作是"孝"和"义"的体现，是性善的人类情感归属的需要。这应该成为现代生态伦理学的重要支撑。

3.4.3 "万物平等、殊途'道'一"的生态价值观

道家主张广义的平等观念，即应该树立一切生物、非生物及任何自然的实在都是平等的观念。老子曰："万物归焉而弗知主，则恒无名也，可名曰大。"（《老子·第34章》）"故道大，天大，地大，人亦大。域中有四大，而人居其一焉。"（《老子·第25章》）人作为万物中的一员，与道、天、地是平等关系。庄子认为，人与万物都是天地造化所化生，没有贵贱高下之分。庄子的这一"齐物"思想把道家的生态平等观发挥到极致。这里的"齐物"指自然万物不分彼此，即使"蝼蚁""稊稗"甚至非生命的"瓦甓"都具有平等的生命尊严，强调任何自然存在都具有自身的价值。

宋朝著名思想家张载建立了"民胞物与"的思想，他提出爱一切人如同爱同胞手足一样，并将这一思想扩大到"视天下无一物非我"的范围，将物我关系、主客观关系提升到了一个前所未有的境界。佛教认为，万物皆有生存的权利，强调众生平等，即一切生命既是其自，又包含他物，因此，善待他物就是善待自身。提出要"勿杀生"，这表达了对宇宙生命万物和人类自身的尊重。

3.4.4 "顺应天时、节约用物"的生态实践思想

中国具有悠久的农业文明，农业文明时期由于生产力低下，生产受天气、土地、环境等自然因素的影响比较大，必须要遵守自然规律，符合自然节奏。因此，"顺应天时、节约用物"是传统生态思想的重要内容。无论是儒家还是道家都特别强调要重视利用自然的季节性和时机性，要求人们"取物以顺时""取物不尽物""树木以时伐焉，禽兽以时杀焉"（《礼记·祭义》），就是说，按其自然的生长季节获取五

谷、蔬菜和飞禽走兽等。儒家强调在合适的时节适度开发利用自然的同时，禁止人们违反自然的季节性无度地开发利用自然，告诫人们在不同的季节应该有所禁忌，不去做伤害自然的事情。比如不成熟的五谷和不成材的树木都不允许在市场上出售，这实际上是要求人们按照自然规律办事，人的活动不能违反自然生态的运行规律，在利用自然时做到有理有节，反对为了追求眼前利益而滥用资源，注重维护人与自然之间的良性循环。

中国传统文化中崇尚节俭、反对浪费的思想，作为社会伦理道德的重要内容深入人心。无论是发展农业，还是生活方式，传统文化都提倡节俭。《荀子·天论》中提出，"强本而节用，则天不能贫。"就是指加强农业生产，厉行节约，那么天就不能使人贫穷。道家提倡人的生活要节俭，知足常乐，反对过分追求物质享受和其他身外之物。这一强调节约，取之有度的中国传统价值观念，与我们现在倡导的不盲目追求物质享受、努力丰富精神生活的绿色生活理念具有一致性，是我们价值观的重要组成部分。

中国传统文化强调对自然的敬畏、尊重，强调遵从自然规律，但并不意味着人类在自然面前无所作为，一切由天而定。中国传统文化也非常重视对自然的利用，注重对自然规律的掌握，强调因势利导，为人类谋福利。中国农业文明之所以能够长久领先世界文明，其中一个原因就是形成了许多符合生态规律又能提高人们生活品质的农业制度。当然，由于文明发展的差距，起源、发展于中国农业文明时期的中国传统文化也有自身时代的局限性，比如由于生产力的落后，缺乏科学理性；注重人与自然关系的哲理，缺乏实践层面解决人与自然矛盾，实现人与自然和谐的探索等。但这并不能抹杀中国传统文化的价值和丰富的生态智慧，尤其是人与自然的和谐共生的有机整体的世界观，万物皆有价值的生态伦理观，取之有道、取之有度地利用自然的观念，这应当成为我们当前建设生态文明的重要的思想资源。

3.5 西方生态学马克思主义理论

西方生态学马克思主义理论，坚持以历史唯物主义为指导，在审视批判"生态中心论""人类中心论"的基础上，从哲学基础、制度建构和政治实践的三者统一的视角来审视生态危机产生的根源与解决途径，从而形成了颇具特色的生态文明理论。

3.5.1 西方生态学马克思主义生态文明的哲学基础

在西方生态学马克思主义看来，"生态中心论"把"自然价值论"和"自然权利论"作为生态文明的理论基础，把生态危机的根源归于人类中心主义的价值观，是一种割裂历史观和自然观的生态文明理论，它不可能真正规范人们在处理人与自然关系时的实践行为，理所当然也无法真正解决生态危机。因此，只有以历史唯物主义为理论基础，树立一种新型的人类中心主义价值观，才能真正作为一种科学发展观来实现人和自然的和谐和可持续发展。

在西方生态学马克思主义者看来，马克思主义不是生态中心论，马克思"嘲笑各种形式的自然崇拜和感伤。……马克思的相对优先性即更多地关注浪费性人类生活与劳动不是非人自然，并不是来自过度人类中心主义——它只是对时代最紧迫问题的一个反应。马克思确实把自然的价值视为相对人而言是工具性的，但对他来说，工具性价值不仅仅意味着经济或物质价值。它还包括自然是审美、科学和道德价值的源泉。"[①] 依据历史唯物主义的基本观点，在分析和解决生态问题时就必须坚持历史分析法和阶级分析法，把解决和调适人与人之间的利益关系作为解决人与自然关系的基础和前提，从而实现人与自然、人与人、人与社会、人与自身的和谐发展。因此，西方生态学马克思主义一方面反对生态中心论和人类中心论仅仅从哲学价值观的视角探讨生态问题的做法，强调哲学价值观只有同一定的社会制度、生产方式相结合，才能够起到强化或缓解生态危机的作用。另一方面，它们也反对生态中心论的环境道德价值观，而始终坚持理性主义和人类中心主义的环境道德价值观，坚持"除了人类的需要外，它不认为有'自然的需要'，而且正像它认为从本质上说共产主义社会不可能是在生态上不健康的社会一样，它宣称，一个适当的生态社会在本质上不可能不支持社会不公正。当发生利益冲突时，它也总是使人类的需要优于非人需要。"[②] 生态学马克思主义由此批评生态中心论"假装完全从自然的立场来界定生态难题……但是，对自然和生态平衡的界定明显是一种人类的行为，一种

---

①[英]戴维·佩珀：《生态社会主义：从深生态学到社会正义》（刘颖译），济南：山东大学出版社，2005 年版，第 95～96 页。

②[美]约翰·贝拉米·福斯特：《生态危机与资本主义》（耿建新、宋兴无译），上海：上海译文出版社，2006 年版，第 340 页。

与人的需要、愉悦、愿望相关的人类的界定。"① 但是需要指出的是，和建立在服从资本追求利润基础上的人类中心主义不同，西方生态学马克思主义所说的人类中心主义是建立在满足人的基本需要的基础上的，它既是一种追求人的物质和精神全面发展的人类中心主义，也是一种追求人类社会和自然和谐发展的人类中心主义。

3.5.2　西方生态学马克思主义生态文明的制度建构

在西方生态学马克思主义认为，变革资本主义制度和全球权力关系才是解决生态危机的关键，这无疑是西方生态学马克思主义对造成生态危机根源及其解决之道在认识上的一个质的飞跃。

西方生态学马克思主义者认为，西方生态中心论者把解决生态危机的希望寄托在人们道德境界的提升和个人生活方式的变革上，这不仅面临着一系列理论难题，而且也无法将生态文明理论真正落实到人类实践中，其根本原因在于其生态文明的制度维度的缺失，而制度维度的缺失，同他们割裂自然观和历史观的内在联系来把握生态危机的本质是密切相关的。因此，西方生态学马克思主义认为"需要寄托于社会制度"，需要从制度维度来探寻生态危机的实质。在西方生态学马克思主义看来，资本主义制度的不正义，以及资本主义生产方式是生态危机产生的根源。生态危机反映了在资本主义全球权力体系和生产方式下，不同国家、不同地区和不同人群之间在全球自然资源的分配和使用上的不公平，由此形成人与人之间利益的矛盾、冲突和危机，这就意味着解决生态危机的关键在于变革资本主义全球权力关系，建立公正合理的国际经济政治秩序和合理调适人们在自然资源分配与使用上的利益机制，处理好人与人之间的物质利益关系，使生态资源得到合理的分配和使用。

3.5.3　西方生态学马克思主义生态文明理论的政治实践

西方生态学马克思主义反对生态中心论者把保护生态环境同人的生存权利对立起来，特别是反对他们把保护生态环境同那些依赖开采和利用自然资源而生存的工人的生存权利对立起来的做法。

---

① [英]戴维·佩珀：《生态社会主义：从深生态学到社会正义》（刘颖译），济南：山东大学出版社，2005年版，第341页。

西方生态学马克思主义认为，生态中心论者的激进的环保运动，一方面会造成环保组织与劳工组织之间的矛盾冲突，使得以反对资本谋取利润为目的的环保运动无法获得成功。"忽视阶级和其他社会不公而独立开展的生态运动，充其量也只能是成功地转移环境问题，而与此同时，资本主义制度以其无限度地将人类生产性能源、土地、定型的环境和地球本身建立的生态予以商品化的倾向，进一步加强了全球资本主义的主要权力关系。"① 因此，忽视阶级的单一的环保运动必然会给环境事业带来更多的反对力量和社会的分裂。另一方面，西方生态中心论者这种激进的环保运动，实际上是没有弄清楚生态危机产生的根源和环保运动的目的。这是因为人们之所以以破坏自然的方式谋取生存，其根源在于资本借助不公正的国际政治经济秩序，无止境地谋取利润。因此，环保运动的目的就是要消除这种在自然资源分配和使用上的不公正状态，阻止资本为了谋取利润而滥用自然的行为，实现环境正义，从而实现一种和生态协调的"以人为本"，特别是以满足穷人基本生活需要以及确保生态长期安全的新的社会形态。"只有承认所谓'环境公平'（结合环境关注和社会公平），环境运动才能避免与那些从社会角度坚决反对资本主义生产方式的个人阶层相脱离。……只有承认环境的敌人不是人类（不论作为个体还是集体），而是我们所在的特定历史阶段的经济和社会秩序，我们才能够为拯救地球而进行的真正意义上的道德革命寻找充分的共同基础。"②

西方生态学马克思主义的理论研究成果，对生态危机的原因进行了深刻的分析、大胆探索，提出了解决人与自然之间的矛盾、消除生态危机的途径，为我们正确处理人与自然、人与人、人与社会、人与自身之间的关系提供了有益的启示，具有鲜明的时代意义，对我国生态文明建设、推进绿色发展、建设绿色社区具有极其重要的借鉴意义。

3.6 系统工程理论

随着人类社会的发展和进步，出现了诸多大型、复杂的工程技术和经济社会问

---

① [英]戴维·佩珀：《生态社会主义：从深生态学到社会正义》（刘颖译），济南：山东大学出版社，2005 年版，第 97～98 页。

② [英]戴维·佩珀：《生态社会主义：从深生态学到社会正义》（刘颖译），济南：山东大学出版社，2005 年版，第 43 页。

题,它们都要求从整体上加以优化解决。基于社会需要的巨大推动,系统科学应运而生,系统科学的研究成果在实际工程实践中开始得以运用。系统工程以系统科学理论作为理论基础,强调在处理客观世界诸多问题时应注重其作用和效果,是一门方法性的应用科学。

3.6.1　系统工程的基本原则

系统工程是一门总览全局、着眼整体、综合利用各学科的思想与方法,从不同的方法和视角处理系统各部分的配合与协调,借助于数学方法与计算机工具,规划、设计、组建、运行整个系统,使系统的技术、经济、社会效应达到最优的方法性学科。[①]系统工程强调系统具有目的性、整体性、综合性、动态性,通过协调优化与自适应实现系统的功能目标,因而系统工程强调的基本原则是:

(1)目的性原则。系统工程是人类社会的实践活动,实践活动一定具有其目的指向。只有目的正确,有科学依据,符合客观实际,才能建立和运转具有预期效果的系统。因此,尽管实施的方案或路径具有多样性,但其目的归一。如果目的错误,方法手段措施越好,系统的发展结果就会离理想状态越远。

(2)整体性原则。系统工程理论要求问题的处理首先必须着眼于系统整体,并且系统各部分只有组成整体之后才具有其应有的功能。而且,系统的总体功能高于各部分功能的总和。系统工程要求处理问题时必须首先着眼于整体功能,先把握整体,后着眼于部分,先总览全局,再剖析局部,从宏观到微观,并把部分与局部置于整体与全局之中来把握。

(3)综合性原则。系统的属性和目的具有多元性、关联性、综合性的特点,解决同一问题的方案、方法、手段和途径具有多样性。系统工程强调综合考虑系统的属性和目的,综合考量运用解决问题的多样性方案、方法、手段和途径,取长补短,综合运用,避免顾此失彼,因小失大,并在综合中得到新的成果。

(4)动态性原则。系统工程强调要运用运动、变化、发展的眼光看问题,在运动变化过程中把握事物。它专注于系统的过程而不仅仅只注意系统一时一地的状态。系统的平衡有时是静态的,但更多时候是动态的,至于平衡的破坏和不断转化

---

① 王众托:《系统工程引论》,北京:电子工程出版社,2006 年版,第 7 页。

更是经常发生的，所以，系统工程十分重视物质流、能流和信息流的运动。

（5）协调与优化原则。客观世界中的系统具有多样性、复杂性和多变性，并相互影响、相互制约。因此在处理复杂系统时必须考虑使整个系统在协调状态下运行。此外，在建立或改造一个系统、运转一个系统时，必须着眼于在约定条件下使系统达到最优状态。由于目标的多元化，优劣标准的多样化，优化也必须要协调兼顾。

（6）适应性原则。任何系统都是在一定的环境中存在和运转的，所以它必须适应既定的环境。系统工程不仅重视系统内部诸要素间的适应、协调、支撑关系，而且也十分强调系统与其环境间的适应、协调与支撑关系。现实中的系统都具有开放性，与其周遭环境之间进行着物质、能量和信息交换。当系统的外部环境发生变化时，系统必须相应调整自身以适应环境的变化，否则系统就会丧失其生存、运转的条件。很多系统都有自组织性，设计与建立高水平的复杂系统时，应充分考虑使系统具备自组织性，以达到适应环境的目的。

3.6.2 系统工程的主要理论

系统工程是一门跨学科的边缘性交叉学科，兼收自然、社会和工程设计分析等领域的知识，是由一般系统论、运筹学、控制论、信息论、自组织理论等学科相互渗透、交叉发展起来的方法性学科。

（1）一般系统论。一般系统论是通过对各种不同系统进行科学理论研究而形成的关于适用于一切系统的学说。1937 年贝塔朗菲在芝加哥大学的一次哲学研讨会上第一次提出了一般系统论的概念，1945 年他在《德国哲学周刊》第 18 期上发表了《关于一般系统论》一文，进一步阐明了一般系统论的思想。"不论系统的具体种类、组成部分的性质和它们之间的关系如何，存在着适用于综合系统或子系统的一般模式、原则和规律。"一般系统论包含系统的整体性、开放性、动态相关性、多级递阶性、有序性的基本观点。"贝塔朗菲对系统理论的发展做出了两个重要贡献，一是他划分了开放系统和封闭系统，明确提出了开放性系统不断与外界进行物质与能量的交换，并同时调整其内部结构已达到动态平衡；另一个贡献就是创立了一般系统论，并指出一般系统论是研究'整体'的科学。"① 一般系统论的主题是阐述和推导，一般适用于"系统"的各种原理，其任务是"确立适用于系统的一般原则"，并对系统的共性（诸如整体性、关联性、动态性、有序性、目的性等）做出概括，一般系统论的研究内容可以概括为关于系统的科学、数学系统论、系统技术、系统哲学等，耗散理论、协同学原理、突变理论、系统动力学等是其主要组成部分。

（2）运筹学。运筹学是运用数学的方法研究系统最优化问题的学科，它运用分析、试验、量化的方法，对经济管理系统中的人、财、物等有限资源进行统筹安排，为决策者提供有依据的最优方案，以实现对系统的最有效管理。几乎所有的系统工程问题都要建立相应的运筹学模型，因而它是系统工程中应用最为广泛的系统优化技术之一。

（3）控制论。1947 年美国学者维纳创立的控制论，是一门研究系统的控制的学科。同年，维纳在出版的《控制论》一书中把"控制论"定义为"关于动物和机器中控制和通信的科学"，它着眼于结构之间的沟通、协调和控制机理。经典控制论时期主要研究单因素控制系统，重点是反馈控制，借助的工具是各种各样的自动调节器、伺服机构及其有关电子设备，着重解决单机自动化和局部自动化问题；现代控制理论主要研究多因素控制系统，重点研究最优控制，借助的工具是电子计算机；大系统控制理论时期主要研究因素众多的大系统，重点研究大系统多级递阶控制，借助工具是电子计算机联机和智能机器。控制论包括信息论、自动控制系统的理论、自动快速电子计算机的理论 3 个基本部分，在控制论的基础上，形成了现在的自动控制学科。

（4）信息论。1948 年贝尔研究所的香农在题为《通讯的数学理论》的论文中系统地提出了关于信息的论述，创立了信息论。狭义信息论主要研究信息的信息量、信道容量以及信息的编码问题；一般信息论主要研究通讯问题，也包括噪声理论、信号滤波与预测、调制、信息处理等问题；广义信息论不仅包含前两项的研究内容，而且包括所有与信息有关的领域。信息论的研究，主要运用了类比方法和统计方法。

（5）自组织理论。在 20 世纪 60 年代末期，自组织理论开始建立并发展起来。自组织理论是一般系统论和控制论的新发展。其最基本的观点是系统存在和生存有

---

① 汪应洛：《当代中国系统工程的演进》，载《西安交通大学学报》（社会科学版）2004 年第 4 期，第 1～6 页。

赖于系统本身复制其行为和组织的能力。自组织理论主要由耗散结构理论、协同学、突变论三部分组成。耗散结构理论主要研究系统与环境之间的物质与能量交换关系及其对自组织系统的影响等问题；协同学主要研究系统内部各要素之间的协同机制；突变论建立在稳定性理论的基础上，认为突变过程是由一种稳定态经过不稳定态向新的稳定态跃迁的过程，即使是同一过程，对应于同一控制因素临界值，突变仍会产生不同的结果，即可能达到若干不同的新稳态，每个状态都呈现出一定的概率。

系统工程理论在建设社会主义生态文明、推进绿色发展和建设绿色社区中具有广泛而重要的理论指导意义和工具性意义。无论是建设社会主义生态文明或是推进绿色发展抑或是建设绿色社区，都是一个自成体系的系统工程，都需要运用和实践系统工程基本原则、系统工程理论，以实现建设的目的性、达到系统的最优状态。

第4章

国内外建设"绿色社区"的实践

20 世纪末以来,人类的生态环境保护运动逐渐朝着社区的层面渗透,各国纷纷寻求可持续发展的社区模式。1992 年 6 月联合国环境与发展大会通过了《里约环境与发展宣言》《21 世纪议程》等多个重要文件。在《21 世纪议程》第 28 章中特别号召各国地方政府直接参与、组织城市和社区的可持续发展,把生态环境保护与可持续发展的任务向每个社区和每个社区居民推进。尽管在资本主义生产方式下是不可能建成绿色社区的,尽管包括中国在内的发展中国家目前因各种因素的制约也没有建成绿色社区,可以说当下世界尚没有哪一个社区可以称得上是绿色社区,但这并不能否定人类社区向绿色社区转型的历史趋势,也不能否定各国人民为建设绿色社区所做出的诸多探索。世界上不同社会性质和制度国家的人们社区"绿色化"建设实践,为建设真正意义上的绿色社区贡献了宝贵的智慧、制度安排和重要启示。

4.1 国外建设"绿色社区"的实践

在国外,基于对工业文明及其黑色发展模式带来的诸多生态环境问题的反思,一些有识之士扬起生态保护的旗帜并将之付诸实际行动;基于国家权力合法性的需要、人类对美好和谐生态环境的追求与向往,发达资本主义国家的政府也不自觉地重视起生态环境问题，它体现在社区建设层面上，就是建设 "绿色社区"①。国外 "绿色社区" 建设始于 20 世纪 30 年代的城市生活空间规划，当时的目的主要是规划城市社区的生活方式和居住形式。到 50 年代，由于城市生活空间质量下降，严重影响了居民的身心健康，在这种背景下，60 年代初的美国城市生活空间质量成为民众关注的焦点，掀起了 "绿色社区" 规划和设计的浪潮。

4.1.1　加拿大的 "绿色社区" 组织及其实践②

在加拿大，"绿色社区" 被定义为以社区服务为主、不以营利为目的、多合作伙伴的环境组织。加拿大的 "绿色社区" 建设起始于安大略省，1991 年，安大略省政府在 3 个社区开展能源有效利用计划。1992 年这个计划被新的 "绿色社区" 计划所取代，其活动也扩展到水、废物和其他与绿色有关的内容。后来 "绿色社区" 计划扩展到安大略的十几个地区。省政府提供一半资金，而当地以贷款的形式提供另一半资金。到 1995 年省政府通过各种计划为 "绿色社区" 建设提供 1 000 万加元的资金。后来省政府不再对 "绿色社区" 提供支持。在这种情况下一些 "绿色社区" 停止工作，但大部分原先的 "绿色社区" 存在下来，并在没有政府资助的情况下，一些新的 "绿色社区" 开始建设。"绿色社区" 通过减少费用，培育新的合作伙伴和加强与已有伙伴的合作，继续保持运行。"绿色社区" 还通过收取部分服务费获得新的资金。另外，一些 "绿色社区" 还很好地利用了联邦政府生态行动 2000 计划和其他资金。1995 年，各个 "绿色社区" 认识到需要一起工作，于是建立了 "绿色社区" 网络。1996 年，"绿色社区" 网络变成一个非营利的实体——绿色社区协会（Green Communities Association）。1997 年在加拿大环境部（Environment Canada）的支持下，绿色社区协会发起全国性的 "绿色社区" 活动。其目的是：①在加拿大促进新的 "绿色社区" 的建立；②建立全国的合作关系来支持各个 "绿色社区" 的活动；③建立包括 "绿色社区" 在内的社区环境组织联盟来分享信息和合

---

① 绿色社区有其产生的文明形态（生态文明）和发展模式（绿色发展），这就使得真正意义上的绿色社区在资本主义生产方式下是不可能出现的，在当下中国，生态文明的建设和绿色发展模式的实现有着无限的实现可能性，但当下由于历史的、现实的诸多制约，真正意义上的绿色社区也没有生成。故本书将之称为 "绿色社区"。

② *The Green Communities Story of Canada*，http://www.gca.ca/story.html.

作。"绿色社区"具有完善的设施以及各种附加服务措施，合作伙伴包括当地政府，电力、燃气公司，金融机构，公司、企业机构以及政府代理等。合作者支持"绿色社区"可以采取不同的方式，既可以提供资金，也可以提供物资、服务、市场，还可以提供咨询、认可等联系其他的合作者。合作者们通过"绿色社区"整合他们的资源、技能、知识和活动，从而产生更大的效益。

在加拿大，"绿色社区"通过促进社区合作和提供实际服务和咨询，取得成效。"绿色社区"的使命是通过保护资源、防止污染、保护和增强自然生态过程，来建立可持续社区。每一个"绿色社区"都有自己的职员、办公室、预算，都实施当地的计划和管理，都是当地的法人组织，都选择自己的名称和形成自身的特色。作为非营利组织，"绿色社区"要寻求环境效益和公共利益。与此同时，在与环境使命一致的前提下，"绿色社区"要为合作者和客户提供服务，并收取一定的费用，甚至与一些提供环保产品和服务的私人企业形成战略联盟。社区的其他组织往往成为"绿色社区"活动的积极参与者。这些组织涉及新闻和广告媒体、警察、社会的/反贫困的/社会住宅的组织、企业组织、劳工组织、社区经济发展组织、教育机构、卫生组织、园艺组织、环境和自然主义集团、服务俱乐部、主要雇主、房东、交通集团。这些组织对"绿色社区"的贡献方式不仅包括提供专门技术和知识、材料和资料、设备、空间、志愿者、认可等，还包括提供资金支持。

总之，加拿大的"绿色社区"是非营利组织，是公共部门、私人部门和传统的志愿者部门一些最好性质的结合。这种具有混合特性的组织被称为"第三部门"，并被看作重要的机构，在实现现代社会公共目标方面发挥着越来越大的作用。

4.1.2 美国建设"绿色社区"的实践[①]

在美国，绿色社区是指一个符合美国国家环保局（EPA）规定的指标体系的社区。按照美国国家环保局的定义，一个"绿色社区"要向着具有健康的环境、强健的经济和高质量的生活的可持续未来而努力工作。

在美国，"绿色社区"必须是这样的社区：①遵守环境法规，减少自然资源消费和预防污染。②所有居民积极参与，并把当地的价值引入决策。③支持基于当地

---

① http://www.oekozentrum-nrw.de.

的商务活动。④鼓励步行、骑自行车和使用大众交通工具。⑤提供开放空间场所。⑥鼓励居民和企业与政府向着共同的未来一起工作。

在美国，"绿色社区"建设是在政府的支持和引导下进行的：

（1）美国国家环保局设有绿色社区计划。这个计划的目标包括 3 个方面：①促进工具和手段的创新，鼓励以社区为基础的环境保护和可持续社区的发展；②与其他组织和机构建立合作关系，帮助建设社区能力和知识，以便创造更有活力的社区；③通过网上的"绿色社区"建设指南（assistance kit），举办研讨会并为全国"绿色社区"网络提供技术帮助和培训。这个计划包括如下内容：在互联网上建立"绿色社区"帮助成套工具箱；"绿色社区"认定计划；示范项目；与以社区为基础的各个组织合作；培训工作室。

（2）EPA 制定"绿色社区"指标。这种指标能够衡量一个社区是向着还是远离"绿色社区"。EPA 给出可供选择的两种指标框架：一种是以领域为基础的框架，另一种是以目标为基础的框架，这两类指标框架都采取三级指标。以领域为基础的指标框架包括三类指标：环境指标、经济指标、社会指标。以目标为基础的指标框架强调可持续目标，然后选择一些直接与这种目标相连的指标。这种指标框架包括：可持续指标、经济繁荣、社区卫生、社会福利四类指标。对上述两种指标框架中的每一个具体指标，EPA 都对该指标的目标给予具体说明，并从若干方面与绿色社区联系起来。

（3）提供金融资源信息和培训。尽管美国"绿色社区"计划不直接提供资助，但通过这个计划的网络可以提供有关金融资源的信息，如公共的和私人的资助计划等。另外，"绿色社区"计划还会继续培训"绿色社区"支持者，如非营利组织、教育者和计划者，以便使他们能对"绿色社区"建设提供直接的服务。EPA 与一些社区直接一起工作，开展示范项目，并可能把一个社区与能够提供支持的合作伙伴联系起来。

4.1.3 德国的"绿色社区"组织及其实践

在德国，"绿色社区"是指一种以建设"绿色社区"为使命的非营利组织，并在社区内办讲座和报告会，进行职业性的"绿色社区"教育、生态平衡建设进修教育等。"绿色社区"组织展览活动，进行建设和环保等方面问题的咨询和支持手工企业进行改组，政策上寻求欧盟的支持。

从 1991 年开始，德国的"绿色社区"开始致力于根治垃圾污染的事业。随着经济的不断增长，物资的极大丰富，生活垃圾也越来越多，汉堡的城市垃圾将近一半来自家庭。在家庭垃圾中包装材料占全部垃圾重量的 30%，体积的 50%。1975年，德国成立环境与自然保护联合会（Bund），它是德国最大的民间环保团体，现有会员 35 万人。这一组织与德国工业联合会经过反复推敲，提出了一个切实可行的"绿点"计划。计划的主要部分是将包装垃圾分为两大类，一类是能重复利用的，如装饮料的玻璃瓶，可反复使用 40 次，这一类是通过消费者付押金的方式回收。另一类是一次性用品，如包装袋、包装盒，这类产品由生产厂家付费给绿点公司，绿点公司负责分类回收，实行"谁污染谁付费"的原则。

德国实施了废旧电池回收管理新规定。要求消费者将使用完的干电池、纽扣电池等送交商店或废品回收站，商店和废品回收站必须无条件接收废电池，并转送处理厂家进行回收处理。同时，他们还对有毒性的镍镉电池和含汞电池实行押金制度，即消费者购买的每节电池中含有一定的押金，当消费者拿着废旧电池来换时，价格中可以自动扣除押金。

德国的"绿色社区"工作的有效开展，使得德国在经济建设和社会发展不断进步的同时，各种生产、生活垃圾却在不断减少，生态环境有了极大的改进。

4.1.4　北欧国家的"绿色社区"组织及其实践[①]

北欧国家极其重视环境生态保护，无论是在制度、政策供给上，还是在具体建设行动上，都具有世界一流的成绩。从生态环境保护视角来看，瑞典、挪威、丹麦等国家的制度和实践均值得借鉴和学习。

4.1.4.1　瑞典的"绿色社区"组织及其工作

1994 年，瑞典通过了实施联合国环发大会决议的国家议案，启动了瑞典的地方 21 世纪议程，将保护环境和促进可持续发展厘定为"绿色社区"面向 21 世纪工作的重心。

行政管理：截至 1996 年年底，瑞典在半数以上的社区任命了地方 21 世纪议程

---

① 杨叙：《北欧社区》，北京：中国社会出版社，2003 年版，第 11 页。

协调员。根据瑞典地方政府协会的调查，2/3 的"绿色社区"由市政委员会或委员会直接领导下的工作组负责地方 21 世纪议程工作，还有 1/3 的社区由环境和健康委员会、规划委员会或其他部门负责。总之，每个"绿色社区"都有专门机构、专门人员责任到位，不能出现管理空白。1997 年 2 月，瑞典首相还任命了由环境部长、教育部长、农业部长、财政部助理等组成的"可持续发展委员会"，负责审核投资项目，进行宏观管理。

财政资助：瑞典环境部为地方政府和企业特批拨款 1 亿瑞典克朗，承担生态开发项目 30% 的成本。自 1994 年起，又对实施地方 21 世纪议程项目的地方政府和非政府组织每年提供 700 万瑞典克朗特别资助。1997 年 4 月，瑞典还启动了一项新的 1998—2000 年的国家预算，投资 12.5 亿瑞典克朗用于可持续发展计划，其中包括由地方政府和地方组织启动的 6 亿瑞典克朗计划。

在政府从行政到财政的双重鼓励下，截至 1996 年初，瑞典的 289 个"绿色社区"都开始了自己的地方 21 世纪议程活动。

4.1.4.2 挪威的"绿色社区"及其工作

1993 年春，挪威环境部发出了关于"着眼全球的地方行动——城市环境政策优先项目"的通知，对建设生态友好城市、垃圾回收与利用、保护生物多样性和保护人文景观等项目给予优先考虑。1996 年春，挪威各郡和社区议会讨论了制定《地方 21 世纪议程》的议案并做出了决议。1998 年 2 月 9 日—11 日，挪威在腓特烈斯塔（Fredrikstad）召开国民大会，专门就社区可持续发展行动展开讨论，发表了《腓特烈斯塔宣言》。

《腓特烈斯塔宣言》开宗明义地指出："我们——社区政府、地区政府和社区协会组织努力争取挪威基层社区为可持续发展做出贡献，并因此发表此宣言。"

《腓特烈斯塔宣言》厘定了开展可持续发展行动的目的、首要任务和具体措施。

开展可持续发展行动的目的：①为保障我们和未来后代的生活质量和生存环境而开展可持续发展；②保证我们的社区活动无论是以地方还是以全球的水平衡量都具有环境上的可持续发展性。宣言认为，基层社区在把可持续发展的方案变为现实的过程中起着关键性的作用，因此社区政府必须承担起责任来，对社区居民进行动员和组织，保证全体社区居民积极参与、分担义务和共同决策，建设绿色社区。

开展可持续发展行动的首要任务和具体措施：①减少资源消费，把环保意识落实到生产和消费过程之中；②减少环境污染，更有效地利用能源，开发可再生能源；

③树立社区发展典型，特别是小城镇和人口密集地区在减少土地使用和汽车使用方面表现好的典型；④保证社区合理利用资源，维持生态平衡和多样化，使社区更具活力；⑤强调环境与健康和生活质量之间的关系；⑥把我们的环境保护活动融入整个国际社会中去，与其他国家开展广泛交流和合作。

《腓特烈斯塔宣言》呼吁所有的社区为完成保护生态环境而努力奋斗，呼吁挪威中央政府为实现宣言提出的目标而给予支持和合作，《腓特烈斯塔宣言》可以被视为挪威实施地方 21 世纪议程的纲领性文件。

4.1.4.3 丹麦的"绿色社区"及其工作

丹麦"绿色社区"的使命是落实丹麦通过的地方 21 世纪议程活动。丹麦的地方 21 世纪议程活动充分体现了丹麦全民参与的传统，并且使这一传统进一步发扬光大，得到空前发展。

丹麦"绿色社区" 21 世纪议程活动有两个标志性的特点，其一是多样性，其二是群众性。这两点结合在一起，就是在丰富多彩的活动中，始终贯穿着"社区居民、社区里的各种活动社团以及企业社区的共同积极参与"这一主线。丹麦"绿色社区"在开展活动时所采取的各项措施都突出地反映了多样性、群众性、参与性的特点。

（1）在绿色社区居民间积极开展对话。地方 21 世纪议程活动促进了社区政府与社区居民间新型合作的开展。许多绿色社区都发起了社区居民间的对话，邀请社区居民代表、社团代表坐在一起，商讨如何制订活动计划。这些积极分子被称作"对话带头人"，或形象地称为"燃烧的木头"，他们热火朝天的公开对话形式打破了以往沉闷的对话形式，在绿色社区中产生了很大影响。

（2）成立环保社团。和欧洲其他国家相似，丹麦的环保社团一向办得十分红火，比如丹麦自然保护协会（the Danish Society for the Conservation in Denmark）等在丹麦的环保运动中有很大的影响力。在地方 21 世纪议程活动的带动下，很多绿色社区涌现出了新的环保社团，社团成员有来自各个利益集团的代表、社区政府的代表、居民代表，这些环保组织的主要工作就是开展 21 世纪议程活动。社区政府对此给予了大力支持，为新成立的社团提供辅助性的秘书服务和技术指导，有些绿色社区还为环保社团自愿发起的活动建立了专项基金。

（3）建立绿色账户。所谓绿色账户，英文称作"green account"，就是通过记录和检查来搞清楚绿色社区中到底消费多少资源，污染程度如何，绿色账户上可以把这些完全变成具体化的数字,清晰明确,一目了然。它的建立可以用数字证明 21 世纪议程活动对降低污染程度、减少能源和资源消费是否起到了作用,起到了多大作用。近些年来,绿色账户已经在丹麦社区中扎根。丹麦参与地方 21 世纪议程活动的绿色社区有33%宣称它们是通过建立绿色账户在居民中进行宣传并对活动进行监督和完善的。目前,丹麦社区大致每年一次将绿色账户的数字公之于众,使每个社区居民可以对自己的日常行为加以反思和检讨,也有助于得到全体居民的监督。

(4)发挥青少年的作用。儿童与青年是社会的未来,所以他们更有必要了解社区的可持续发展。丹麦的儿童和青少年在一定范围内积极参与了地方 21 世纪议程活动。25%的绿色社区统计表明儿童参与了相关的活动,20%的绿色社区统计表明15~25 岁的青少年参与了活动。还有许多绿色社区的活动是直接针对青少年开展的。学校在绿色社区工作中历来占有重要的地位,据统计,25%的绿色社区都有教育部门具体参与了地方 21 世纪议程活动。丹麦还在青少年中发起了一项与第三世界国家共同探讨实施地方 21 世纪议程的计划,按照计划,丹麦的 100 所学校和班级与津巴布韦的学校和班级开展了手拉手活动,互相交流和研讨如何建立未来可持续发展社会。

4.2 我国建设"绿色社区"的实践

中国的绿色社区建设实践,从其理论基础上看,来自马克思、恩格斯的"自然—人—社会"有机整体发展理论和社会主义生态文明观;从其思想根源来看,它是对工业文明下的黑色发展模式及其后果反思的理论成果;从其动力系统来看,既有来自国际社会生态环境保护、绿色贸易壁垒、"中国环境威胁论"的外在压力,更有国内因资源约束趋紧、环境污染严重、生态系统退化造成的经济社会发展遭遇严重的生态环境问题制约、人民对优质生态环境的渴望这一国内压力。党的十七大就提出要建设社会主义生态文明,党的十八大把建设社会主义生态文明作为建设中国特色社会主义总体布局重要内容,党的十八届五中全会又提出了"绿色发展"理念,建设社会主义生态文明、推进绿色发展、建设美丽中国成为当代中国人民的共同心声,一股绿色旋风正席卷着中华大地。那么,在基层社区建设实践中,如何建设社会主义生态文明、推进绿色发展?其落地生根的载体就是建设绿色社区。

4.2.1 我国建设"绿色社区"的历程

中国的"绿色社区"建设，肇始于 20 世纪 90 年代的环保社区建设。2001 年中共中央宣传部、国家环保总局、教育部联合颁布《2001—2005 年全国环境宣传教育工作纲要》，第一次在国家层面提出了"绿色社区"创建任务，在 2004 年 6 月 5 日"世界环境日"，国家环保总局联合全国妇联举办"全国绿色社区创建活动启动仪式暨绿色家庭现场演示会"，启动全国"绿色社区"创建工作。我国建设"绿色社区"的发展历程，大体经历了两个阶段：探索试点阶段和起步发展阶段。

（1）探索试点阶段（20 世纪 90 年代）——从创建环保社区到创建绿色社区。90 年代，上海市环保和教育部门联合开展"环保特色学校"创建活动（后统一改名为绿色学校），取得较好的效果，受此启发和鼓舞，上海市环保局建议把创建活动推广到社区，普陀区环保局最先响应，于 1993 年起开展了创建环保特色里委的试点活动。1996 年起，北京、杭州等地开展了创建"环保示范小区"活动。各地试点实践表明，社区的环保创建活动是一种很好的群众性活动载体，有效地发挥了社区作为环保宣传教育重要阵地的作用，促进了社区环境问题的解决，提高了居民生活环境质量，许多环保任务（如节水节能、生活垃圾减量和分类、再生资源回收利用等）在社区居民支持和配合下得到了落实。这项创建活动体现了环境与社会、经济协调发展，人与环境和谐相处，受到了社区居民、环保部门、社区管理部门和物业公司等的欢迎，并被党和国家一些部门所重视。随着国际社会"绿色即环保"理念的提出与普及，我国社区环保创建活动改名为绿色社区创建活动。

（2）起步发展阶段（2001 年—）。2001 年中共中央宣传部、国家环保总局、教育部联合颁布的《2001—2005 年全国环境宣传教育工作纲要》，第一次在国家层面的文件上提出绿色社区创建任务，文件强调了"要'绿色社区'的创建活动逐步纳入文明社区建设和精神文明建设的总体目标之中"，指出创建绿色社区的任务是"努力将保护环境、合理利用与节约资源的意识和行动渗透到公众日常生活之中。倡导符合绿色文明的生活习惯、消费观念和环境价值观念。"文件提出了"十五"期间创建工作的范围和要求："在 47 个环境保护重点城市逐步开展创建'绿色社区'活动，培养公众良好的环境伦理道德规范，促进良好社会风尚形成。"文件还规定了"绿色社区"的主要标志（基本标准）："有健全的环境管理和监督体系；有完备的垃圾分类回收系统；有节水、节能和生活污水资源举措；有一定的环境文化氛围；社区环境要安宁，清洁优美。"我国"绿色社区"创建任务一经提出，期望很高，内容丰富、观念先进，集中了可持续发展、以人为本、循环经济、资源节约、环境友好、绿色消费、公众参与等当代先进理念。

2001 年国家环保总局在"十五"期间国家环保模范城市考核指标体系中增加了绿色社区等创建活动内容。例如，2001 年年底，杭州市通过国家环保模范城市验收，该市"创模"工作的一个亮点就在于完成了 100 个绿色社区的创建。

2003 年世界环境日，全国妇联和国家环保总局发表联合倡议书，提出开展"绿色家庭"创建活动，以后两个部门联合下发一些文件，组织绿色家庭宣传和评比活动的开展，绿色家庭逐步成为绿色社区创建活动的有机组成部分。

在上述文件的指导和推动下，我国环保重点城市的绿色社区创建活动很快起步。为了进一步推动这项创建活动，在 2004 年 6 月 5 日"世界环境日"，国家环保总局联合全国妇联举办"全国绿色社区创建活动启动仪式暨绿色家庭现场演示会"，并首次颁布了全国统一的绿色社区标志，启动全国绿色社区创建工作。①

2004 年 7 月 14 日国家环保总局颁布了《关于进一步开展"绿色社区"创建活动的通知》（见附录 1），要求"各级环保部门应将'绿色社区'创建活动作为推进公众参与环境保护的有力措施，纳入工作计划，统一安排。"与此同时还颁发《全国"绿色社区"创建指南（试行）》（见附录 1 的附件 2），该指南规定了"绿色社区"创建的组织、领导、执行机构和详细的创建计划。为了加强对全国绿色社区建设的领导，成立了"绿色社区"创建指导委员会，大力推行"绿色社区"创建活动。文件决定从 2005 年起，每两年对活动中取得显著成效的绿色社区、表现突出的单位和个人进行表彰。国家环保总局成立绿色社区创建指导委员会，由副局长潘岳担任主任，部内主要司局负责人作为成员，下设办公室，设在国家环保宣教中心。同时，根据各地创建经验及科研成果编制和下发《全国"绿色社区"创建指南（试行）》，对创建绿色社区的基本内容和步骤作了明确规定。

2005 年 4 月 8 日，国家环境保护总局办公厅发出《关于推荐表彰 2005 年全国绿色社区有关工作的通知》（见附录 2），内含"2005 年全国绿色社区表彰推荐办法""2005 年全国绿色社区表彰评估标准""2005 年全国绿色社区表彰名额分配表"

---

① http://www.mep.gov.cn/gkml/hbb/qt/200910/t20091023_179810.htm?keywords=%E7%BB%BF%E8%89%B2%
E7%A4%BE%E5%8C%BA.

"2005 年全国绿色社区表彰申报表（word 文档）""2005 年全国绿色社区表彰优秀组织单位申报表（word 文档）""2005 年全国绿色社区表彰先进个人申报表（word 文档）"5 个附件。

2005 年 5 月 31 日，国家环境保护总局颁发《关于表彰 2005 年全国绿色社区创建活动先进社区、优秀组织单位及先进个人的决定》，对全国 112 个"绿色社区"创建活动先进社区给予表彰。

2007 年 5 月 15 日，国家环境保护总局颁发《关于表彰第二批全国"绿色社区"创建活动先进单位和个人的决定》，对全国 124 个"绿色社区"创建活动先进社区给予表彰。截至 2007 年 7 月，全国已有国家表彰"绿色社区"236 个，省级"绿色社区"2 168 个，地市级"绿色社区"3 266 个，全国各级"绿色社区"共计 9 367 个。其后，开展绿色社区创建活动的城市不再局限于环保重点城市，已发展到其他中小城市。2009 年以后，绿色社区的创建与评选由各省、直辖市、自治区自行开展工作。

多年来，环保部通过不断加强对全国"绿色社区"创建活动的指导，制定更新有关指导文件和管理办法，健全各级管理网络，重视地方"绿色社区"主管部门的能力建设，组织和推进全国"绿色社区"创建活动，形成良好平稳的发展态势。"绿色社区"创建活动受到了社会各界的广泛关注与支持。

4.2.2 我国创建"绿色社区"的具体环节

依据 2001 年中共中央宣传部、国家环保总局、教育部联合颁布《2001—2005 年全国环境宣传教育工作纲要》中提出的创建绿色社区的任务、创建工作的范围和要求，以及 2004 年 7 月 14 日国家环保总局在颁布的《全国"绿色社区"创建指南（试行）》规定的"绿色社区"创建的组织、领导、执行机构和详细的创建计划，创建"绿色社区"活动，涉及方方面面。我国绿色社区创建的具体环节可以概括为"六个一"：

（1）健全一套创建绿色社区的工作制度。绿色社区创建是一项系统的社会工程，需要各方面的支持、配合和参与，因此，各社区必须在各级环保局和文明办的指导下，成立绿色社区创建领导小组，成员可以涵盖驻区的学校、机关、团体、企业、部队等。创建工作领导小组成立后，定期召开联席会议，一起研究制订创建实施方案、工作制度、措施，建立并坚持一周一碰头、半月一调度、一月一总结的分析制度，及时协调解决创建工作中的困难和问题。

（2）建起一批创建绿色社区的骨干队伍。这批队伍主要包括党员护绿队伍、环境保护监督队伍、社区青年志愿者队伍、社区文体健身队伍、宣传报道队伍等，在社区内倡导全民参与创建。

（3）办好一所创建绿色社区的市民学校。办好市民学校是创建绿色社区的基础。通过市民学校，开展环保进社区系列活动，组织观看环保专题片，举办各种环保专题讲座，把群众认为高不可攀的环保理论变成实实在在的道理，并把绿色理念和环保知识渗透到居民日常生活中。同时，可以教导居民如何进行垃圾分类、废旧物回收、回收废电池以及实践绿色生活的知识和技能。

（4）抓好一个创建绿色社区的活动载体。家庭是社区的基础，家庭环保搞好了，创建绿色社区就有了坚实的基础。因此，在社区开展创建绿色家庭活动，是创建绿色社区的一个好载体。绿色家庭的条件可包括6个方面：家庭成员有绿色观念；家庭成员有良好的爱绿护绿行为；家庭成员有环保生活方式；家庭成员有节约型生活消费方式；家庭成员有环保方面书籍；家庭成员有绿色环保知识。

（5）在绿色社区创建中为居民办实事办好事。创建绿色社区要在完善社区功能上下功夫。有条件的社区可以成立邻里互助服务队，为居民排忧解难送温暖；对社区进行绿化美化，建设一些成人健身路径、儿童娱乐设施，如健身广场、休闲棋牌室、社区卫生室、阅读中心、多功能活动厅等，开展家庭文化、摄影、书画、收藏等展示活动。功能设施齐全的小区服务，不仅为居民们营造了舒适、丰富、快乐的业余生活，同时也提升了绿色社区创建阵地建设的层次。

（6）在绿色社区创建中抓住一个重点，开展环境综合整治。创建绿色社区的重点是开展环境综合整治：改善社区交通条件和环境；倡导使用绿色能源；社区内的大型饮食单位污水油烟要无害化处理；降低社区内的各类噪声污染。让社区的道路硬起来、灯光亮起来、河道清起来、空地绿起来、社区美起来，形成保护环境光荣、破坏环境可耻的共识，建成创建人人有责、人人参与的良好局面。

4.2.3 我国建设"绿色社区"的基本模式

4.2.3.1 "共管式"管理模式——沈阳万科花园新城

沈阳万科花园新城先后被沈阳市环保局评为无噪声安静小区、生态环保模范小区和环境达标小区、"沈阳市生态环保示范小区评比 A 类一等奖"。沈阳万科花园新城是首批获得"辽宁省绿色社区""辽宁省绿色社区垃圾分类试点小区"称号的示范小区。同时万科花园新城是国家康居示范小区。

2003 年 11 月在万科花园新城小区内举行了由省环保局委托开展"共创绿色社区倡导绿色生活，实施垃圾分类"的辽宁省绿色社区垃圾分类试点的启动仪式。此次活动的目的就是要用循环经济的发展方式，影响和规范居民的环境行为，创造良好的社区环境文化氛围，改善社区环境，提高居民的环境意识。

（1）在园区内开展了大量的宣传工作。通过发放《致每位业主的一封信》，在园区内宣传开展垃圾分类的益处，将各种宣传画张贴在园区内信息板和单元内的张贴板上，给业主发放了环保布袋，悬挂条幅等方式，宣传绿色社区和垃圾分类的重要意义。

（2）在园区内制作了 200 面喷绘挂旗，美化了园区。社区管理者根据活动开展的需要在社区内悬挂了 200 面喷绘旗帜及少量警示性标语，这不仅起到了提高居民环境保护意识的作用，同时也美化了社区的环境。

（3）设置了 3 种分类垃圾回收箱。在每个单元口和园区的主要位置设立了可回收垃圾箱和不可回收垃圾箱，重点位置设立了有毒有害垃圾箱，积极引导业主实施垃圾分类回收。同时万科花园新城小区还是沈阳有机垃圾回收示范项目，城市可生物降解垃圾能源与资源化利用项目。由沈阳市环保局和沈阳航空学院在小区内选取 60 户的居民作为示范点收集有机垃圾，将收集的有机垃圾在"小山家"进行堆肥处理。此项目的研究结果可以找到新的垃圾回收和再利用的方法。社区打出"让我们共同创建绿色社区、美好家园，倡导绿色生活达成共同目标——美丽的新城我的家"的标语，激励社区居民为创建绿色社区共同努力。

（4）独特的社区环境管理模式。沈阳万科花园新城委托沈阳万科物业管理有限公司进行物业管理与服务，公司自 1996 年率先在所管理社区内推行由业主参与小区物业管理的独特模式，成立了市内首家社团法人组织——"业主委员会"。业主自治与物业公司专业管理相结合的共管模式,已在沈阳万科开发的各项目内广泛实施。万科花园新城自业主入住后形成了物业公司、业主管理委员会和社区管理委员会三方联合管理的"共管式"管理模式。1998 年公司获得 ISO 9002 国际质量认证认书;2002 年顺利通过 ISO 9001:2000 的认证并获证书;2002 年 6 月至今,按"ISO 9001:2000 质量管理体系"及"ISO 14001:1996 环境管理体系"实施物业管理。"服务至诚、精益求精、管理规范、进取创新"是公司的质量方针;"保护环境、降低风险、节能降耗"是公司的环境方针。在日常物业服务提供过程中公司避免使用污染环境的材料;广泛开展全员节能降耗活动,努力实现资源能源消耗最小化;教育培训员工,号召广大业主提高环保意识和技能。

（5）健康丰盛的社区氛围营造与建设。万科童子军团、万科夕阳红团是万科社区的特色组团,由万科物业及各自组团负责人不定期共同组织进行有益于社会、有益于社区、丰富自我的各类团体活动;2002 年,万科花园新城由业主自发、物业组织成立了老年大学和男子足球俱乐部。

4.2.3.2 "自助绿化"模式——北京市石景山区八角街道八角北路社区

北京市八角北路社区是建成于 1987 年的老社区,社区拥有 500m² 的社区服务分中心,有一支 100 余人的环境保护志愿者队伍,"自助绿化"在北京市乃至全国名列前茅,为改善社区的生态环境质量、保障居民的身体健康、办好绿色奥运作出了较大的贡献。《人民日报》《北京日报》、中央电视台、北京电视台等 30 余家媒体报道了八角北路社区的建设情况。

与全国其他先进社区、绿色社区相比,北京市八角北路社区最为突出的特点就是早在 20 世纪 90 年代末期就首创了"自助绿化"模式,并通过这种公众参与的模式维护了社区绿化、陶冶了社区居民热爱大自然的情操,增强了人与自然和谐的环境意识。八角北路社区"自助绿化"模式即自发行动成立绿化环境保护志愿者队伍,发动社区居民自觉认养社区内的绿地。"自助绿化"实行自主管理,即以居委会为核心,与居民签订"绿地"认养协议,并加以统筹规划、科学管理,本着"年年有投入,年年有变化"的原则,明确双方的权利和义务,聘请专家向居民传授绿化和环境保护方面的知识,定期举办花木种植培训班,开展"绿色家庭"评比活动等。由于社区居民群众的广泛参与,推动了"自助绿化"深入开展,居民们结合社区实际开动脑筋,寻找自己喜欢的花草树木、乡土植物悉心种植,既降低了社区园林化和绿化的成本,使树木花卉成活率达到了 90%,又使这项活动成为一种凝聚力,促使广大社区居民增强了对社区改善人居环境状况的责任心。

社区居委会鼓励并倡导社区居民参与认养荒地种植花草。自从八角北路社区居委会宣传推广"自助绿化"模式之后，社区居民们更加关爱社区环境建设。2002年春天，八角北路社区开展"美化家园迎奥运，养花种草健身心"的活动，社区的老年人养花种草，既美化了环境，又节约了能源，锻炼了身体，还增强了邻里之间的和睦团结。居民的"自助绿化"提高了社区居民主人翁的意识。例如，"雨水、雪水回灌与利用""变废为宝"就是社区居民在"自助绿化"中节水的新思路，大家把居民楼的雨水管延伸到绿地，并备有一些储水容器，不怕天旱无水，随时可以浇灌花木，全社区每年因此节水近千吨。每年冬天，社区居民、保洁人员将落叶收集起来，将花草全面覆盖，这样既保持了水土，又保持了土地的湿度和温度，对植物的越冬大有好处，真是一举三得。

在"自助绿化"活动中，八角北路社区还十分重视结合这项活动教育孩子从小树立主人翁的意识、树立环境保护的意识。社区利用寒暑假组织少年儿童开展"三个一"活动，即读一本环境保护书籍；写一篇环境保护日记；参加一次社区环境保护活动。开展"小手拉大手"环境保护日活动，组织他们识别树木、花草品种和名称。这种活动使孩子们了解了很多植物知识和种植常识，增加了环境保护意识。

以"自助绿化"活动为契机和切入点，八角北路社区在创建绿色社区的过程中组织了丰富多彩的活动促进社区和谐。2006年7月13日是北京申奥成功5周年纪念日，八角北路社区远洋乡土植物园揭牌，新闻媒体、各级领导、社区居民500多人参加了这个活动。社区"自助绿化"提升了层次，体现了水平。2006年6月5日的世界环境日，为了让每一个人拥有美好的环境，社区开展了"为首都多一个蓝天，我们每月少开一天车"的活动。社区居民代表、司机代表、学生代表纷纷提出倡议，用他们爱护环境的实际行动树立典范。通过开展各项活动，提高了广大居民爱护环境、建设环境的积极性，也为创建绿色和谐社区打下良好基础。

4.2.3.3 "四个到位"模式——天津市大港区海滨街道幸福社区

天津市大港区幸福社区自觉地坚持"以人为本"的精神，循序渐进地以绿色社区创建活动为载体，以宣传和教育引导社区居民增强环境保护意识和法制观念为目的，以提升社区生态环境质量和提高社区居民的文明素质为目标，不断加强社区生态环境文化建设，教育引导社区居民增强生态环境保护意识，促进了绿色社区创建活动的深入开展，使小区生态环境更加优美，生活质量不断提升，居民的文明素质逐步提高,社区的生态环境文化建设得到了持续发展,逐步建立起了规范的社区生态环境保护模式,有力地推动了社区的和谐建设,创建活动取得了明显成效。幸福社区先后被评为大港区环境保护先进社区、天津市绿色社区和全国城市物业管理优秀住宅小区。

(1)加强组织领导,确保责任到位。建立健全组织管理网络是做好绿色社区创建工作的前提与保证。为了打牢基础,幸福社区居委会从抓组织建设入手,建立了相应的组织管理体系,完善了职能管理。幸福社区成立了由居委会、物业公司、城管等相关单位组成的绿色社区工作领导小组,实行责任制,明确分工,分口负责,形成了层层有目标、人人有责任的工作机制。社区居委会还与物业公司签订了共建协议书,定期召开例会沟通交流信息,及时解决绿色社区创建工作中存在的难点问题,为绿色社区创建工作提供了强有力的组织保证。幸福社区成立了社区绿色环保志愿者队伍、社区环境保护监督管理队伍、社区卫生监督委员会、环境保护文艺宣传队等。社区居委会采取具体措施搞好宣传发动,不断壮大社区志愿者队伍,目前社区环境保护绿化志愿队伍已达 209 人,为绿色社区创建活动打下了坚实的群众基础。幸福社区成立了由居委会、里、院、单元、户组成的 5 级组织网络,在辖区内真正地形成了横到边、纵到底,上下联动,齐抓共管保护社区环境的良好氛围,为绿色社区创建活动建立了顺畅的工作机制。为了提高创建领导小组成员的工作水平,幸福社区经常组织学习研讨会,进行创建绿色社区方面的专业性学习和培训,组织学习相关文件及创建绿色社区的标准,结合社区实际进行探讨,相互交流开展指导。社区还先后派人参加了天津市环境保护局、国家环境保护宣传教育中心举办的绿色社区创建培训班,从而为绿色社区创建活动培训了业务骨干。

(2)开展宣传教育,确保认识到位。绿色社区创建活动的关键在于人,而调动人的积极性的最重要的措施就是加强环境宣传教育,引导居民思想观念的转变。幸福社区居委会从长处着眼,近处着手,力争把创建绿色社区的工作做实、做细。居委会在社区中倡导和提出了"四多四少",即多一点生态环境意识,少一点淡漠;多一点爱护生态环境,少一点破坏;多一点节约行为,少一点浪费;多一点生态环境保护举措,少一点污染。为了确保生态环境宣传工作到位,幸福社区在大港区环境保护局的帮助下,利用社区的广播、黑板报、宣传栏及发放宣传材料等形式广泛宣传创建绿色社区的重大意义及创建标准,通过入户走访、创建评估等形式,让绿色社区创建标准走进每一栋居民楼、走进每一个家庭,力争做到家喻户晓,人人皆知,并成为引导居民自觉培养绿色生活与科学消费新风尚的行为指南。社区还充分发挥了市民学校的阵地作用,每年至少举办两期环境保护与健康课堂讲座、一次大型绿色生活经验交流会,并充分利用世界水日、地球日、世界环境日等宣传时机,在社区内悬挂大幅布制标语,进行保护环境、珍惜资源、造福子孙的环境宣传教育,推广普及使用节能灯、一水多用等绿色生活小常识,号召社区居民都积极行动起来,以崇尚勤俭节约为荣,节能、节水,保护资源,引导居民自觉遵守社区环境保护公约,增强环境保护意识。

(3)重在工作实效,确保措施到位。幸福社区在创建绿色社区的活动中,注意围绕总体创建目标分段实施,重点突破。创建绿色社区的根本目的是引导居民对环境保护的重视和生活观念的转变,并通过创建让居民看到实实在在的效果,把参与创建绿色社区的活动变为居民自觉自愿的行动,大家动手共同维护社区环境,提升生活质量,改善生活习俗,构建和谐社区。所以,幸福社区居委会根据不同阶段创建工作任务的要求,采取得力措施,选定创建试点,加大工作力度,总结摸索出切实可行的经验,以点带面,普及推广。①完善创建制度,规范社区的日常管理。幸福社区建立健全了社区的环境管理制度、环境监督管理机制、社区绿色创建奖励机制、绿色社区创建公示制度、水电用量公示报告制度等多项工作制度,真正做到了环境宣传教育、绿色社区创建活动的经常化和延续化。②开展了多种形式的绿色社区创建活动,不断激发居民参与的热情。社区通过先后举办"增强环境意识,热爱美好新生活"为主题的大型秧歌踩街、"巧手编制美好生活""我为'创绿'做贡献"主题党日、"环境保护一日游"等活动,以及联合幼儿园举办"环境保护专题消夏纳凉文艺演出"、在社区老人中开展以"做健康老人,创绿色生活"为主题的大型游艺活动和开展年度"绿色家庭"创建评选等活动,使整个社区形成了一个健康有益、积极向上的氛围。例如,为了提高居民的节俭意识,幸福社区广泛开展了节约资源、保护环境的活动,建立了小区水电用量公示制度,每月对社区的水电用量进行一次公示活动,每年搞一次水电用量对照分析,通过这些数字的对比,提高居民们的节约意识,从而自觉地杜绝浪费水电的现象。

(4)搞好协调共建,确保落实到位。优美的环境是人之向往、人之所需的,更应人之创造、人之保护。因此,保护环境不是哪个部门、哪个单位、哪个人的事,创建绿色社区就更需要充分调动一切可调动的积极因素,加大公众参与度,协调配合搞好共建。幸福社区经常与社区内的共建单位建立联系,沟通交流,反馈信息,定期召开例会研究绿色社区创建工作中居民们所关注的环境热点、难点问题,从而形成共同谋划管理、监督协调一体的社区环境管理模式,并积极争取到各方面资金的支持,努力改善社区居民的生活环境。此外,幸福社区还从居民自治组织管理网络入手,将小区划分为 5 个里 26 个院,形成居、里、院、楼、户 5 级组织管理网络,使日常环境保护与集中环境治理相结合,收到了较好的效果。例如,社区将209 名护绿保洁志愿者队伍划分为 4 个队 8 个小组,在物业公司指导帮助下肩负起小区绿地养护、马路楼道保洁的任务,使整个小区从马路到庭院、从庭院到楼道,每一块草坪、每一株树木都有专人管理、专人养护。志愿者们以身作则,自觉地认养维护绿地,清理乱贴乱画、乱堆乱放,制止损坏绿地等不文明行为,成为社区保护环境的骨干力量。

一分耕耘,一分收获。幸福社区开展绿色社区创建活动几年来,带来了社区环境的改变,居住条件的改善,生活质量的提高,使社区居民切身感受到了实实在在的效果,居民的满意度达到了 95%以上。

4.2.3.4 "政府推动"模式——湖北省武汉市江岸区百步亭花园社区

武汉市百步亭花园社区是全国文明社区示范点,是唯一荣获首届"中国人居环境范例奖"的社区。中央宣传部、中央文明办、建设部、文化部四部委联合发文向全国推广百步亭社区经验。社区先后荣获湖北省、武汉市绿色社区及国家、省、市级文化先进社区、文明社区、社区建设示范区等 200 多项荣誉称号和表彰。

近几年来,百步亭花园社区按照创建绿色社区的要求,围绕环境保护和可持续发展目标,坚持"以人为本""以德为魂",以居民群众的安居乐业为主线,以提高居民群众生活质量为根本出发点,不断努力并不断取得新的创建成果。目前,社区各种污染源全部实现达标排放,社区绿化率达 40%;居民群众对社区环境状况满意率大于 99%。

(1)建立健全环境管理和监督机制,狠抓落实。百步亭花园社区把社区开发建设、管理服务与进一步提升社区的环境质量有机地结合在一起,建立健全了环境管理和监督机制。①建立创建绿色社区领导机构和执行机构。社区成立了以社区党委书记为组长,由各相关职能部门、群众团体组织及驻社区各大单位的负责人组成的百步亭绿色社区创建工作领导小组;由社区居委会、业主委员会、物业公司、楼栋长等相关负责人员组成了绿色社区创建执行机构。②制订了创建绿色社区的工作计划和实施方案。在社区工作计划中,专门列有环境保护工作的内容;制定了创建绿色社区的具体措施，并按照计划将任务落实到相关部门，责任落实到人。③建立了绿色社区创建工作的档案记录。档案有专人负责，管理有序。④组建起社区绿色志愿者队伍。各苑区都积极开展了创建"绿色门洞"、评选"绿色家庭"和"环境保护先进个人"活动，逐步建立起一支以楼栋长为主体及热心于公益事业的各方人士参与的绿色志愿者队伍，定期以课堂培训、实地考察、参观交流活动等方式组织学习和培训。⑤建立了环境管理协调机制。建立了社区与政府部门、居民、驻社区单位定期召开联席会议的制度，共同商讨社区内的环境事务，并将绿色社区创建计划和实施方案以居民大会、张贴公告等方式公开征求居民的意见或进行告知，使环境投诉问题得到有效解决。⑥建立了可持续改进的自我完善体系。社区按阶段进行自评和总结，对于出现的问题进行纠正，不断地加以自我完善，并形成了健康持续的改进机制。通过建立健全环境管理和监督机制，从而更加有效地保证百步亭社区创建绿色社区和环境保护工作向着更加深入、更高层面、更具有可操作性、监督性的方向发展。

（2）合理规划，加强环保设施的建设和管理。百步亭社区在建设过程中，以武汉市城市总体规划为指导，以 7 km^2、30 万人居住的百步亭城为发展目标，做到统一规划、分步实施、成片开发，在建设和施工中严格遵守环境影响评价制度和"三同时"制度。在开发前期资金、人力、施工条件等尚不完全具备的情况下，从保护环境的长远利益的战略上考虑，花大本钱建设和完善环境保护配套设施及设备。①抓好先进适用的环境保护技术的推广使用。在社区开发建设的过程中，开发商与百步亭社区广泛吸取国内外先进经验，做到规划高起点功能全、建设高标准质量优、配套高规格环境好，让生态环境与人文环境协调发展，投入巨资兴建百步亭地区的基础设施。例如，多花几倍的钱引进了宗关水厂的优质自来水，采取变频调压站供水，从而避免了饮水二次污染；根据武汉独特的地理位置和季风特点，充分考虑到楼栋朝向、日照、通风、采光等因素，住宅一律为南北朝向，并采用双层的中空玻璃和保温隔热措施，多种树，尽量从规划设计上做到让居民少用空调、少开灯，节约能源节约钱。新建的住宅区全部实行了雨污分流，排水指标已达到《污水综合排放标准》（GB 8978—1996）的一级标准，而且由于管理到位，小区兴建以来从未发生过因管道堵塞而引起的污水漫溢问题。社区各楼宇内实施了住户厨房油烟的集中高空排放。居民家中的卫生间普遍使用了节水阀，公共场地、道路、各楼宇内走道均全部使用节能灯具及延时开关。新小区内各村（苑）均安置了有明显标识的垃圾分类桶,实施了回收或不可回收的垃圾分类。在建筑房屋的结构上合理设计楼宇、门窗、走道、天台等各组团间的距离,形成了空气的自然对流和阳光的自然照射,在节约能源减少污染的同时也为住户节省了费用,特别是新建小区百合苑,建成了湖北省第一个人工湿地,实现了水系循环重复使用,开创了社区环境保护建设的先例。这些社区环境基础工程项目的兴建和相继投入使用,均收到了较好的效果。

②实施"绿肺工程",保护人居环境。百步亭社区和开发商将原规划中黄金地段的一个住宅组团改建成 4 万 m² 的中心绿化广场。中心绿化广场中有足球场、网球场、篮球场、门球场、健身园、露天舞池、文化长廊和生态绿化林等。这一出一进虽然耗费上亿元,但是从长远效果来看,证明了当初的决策十分正确。为了使人居环境越来越美好,百步亭花园社区与开发商还投资 4 亿多元建成了 6 万 m² 的百步亭游乐园和 1 万 m² 的集中绿地;投资 500 万元对中心绿化广场等地进行生态绿化、美化和亮化改造,创造了一个"天人合一"的舒适、卫生、健康的绿色居住环境。社区的绿化覆盖率达到了 40% 以上,形成了以造型各异的亭子为"点",以文化长廊、休闲会馆、体育路径、各种广场为"线",以银杏林、桂花林、柏子林、棒树林等绿化为"块",以大片的草坪为"面"和房前屋后的喷泉、生态水景相协调的社区特色景观和绿树成荫、花香四季、空气清新的生活环境。

(3)以创建绿色社区为载体,常抓不懈营造绿色环境。百步亭社区积极倡导绿色环保概念,着力营造绿色环境,有针对性地在社区居民中倡导绿色生活,宣传提倡广泛使用节能灯具、节水装置。有条件的住户在不破坏房屋结构、不影响整体外观形象的前提下,大都安装使用了太阳能热水器。社区居委会通过宣传栏、橱窗、发放环境保护手册、广播等,以及开展社区活动等群众喜闻乐见的形式,逐渐引导和培养社区居民的环境保护意识,使全体社区居民自觉地爱护树木、花草、公共娱乐和体育健身设施,并掌握正确的节能方法。社区还在倡导绿色消费方面加大宣传与指导力度,将绿化观念、环境意识融入每个人的日常生活中。为了减少扬尘污染和改善社区环境,社区购置了两台洒水车,实行每天早晚两次对社区内的路面、街道、广场进行喷洒。社区内还安装了噪声显示屏,提示人们关注环境。由于环境宣传广泛普及,环境管理到位,整个社区的各种公共设施都一直保持完好,各个公共场所的环境管理有序,无露天市场和违章建筑;无焚烧垃圾、树叶、露天烧烤等现象;饮食服务业油烟经过处理并达标排放,无扰民现象;社区内无冒黑烟情况,居民不购买、不使用散煤;建筑、拆迁、市政等工程均采取了防尘措施。

绿色社区创建工作是一项十分艰巨复杂的系统工程，百步亭社区坚持走共同关心环保、人人参与管理、群策群力自治的管理道路，从而形成了全体社区居民参与创建绿色社区的良好氛围。社区居委会大力进行环境保护宣传教育和绿化社区实践活动，积极宣传国家环境保护的法律、法规，组织开展各种环境保护主题宣传活动，以社区老年大学、居民文化活动中心等场所，进行环境保护科普知识的宣传，聘请环境保护专业人士来社区举行环境保护理念的专题讲座，社区各单位、居民参加者达数千人之多。各苑区也以多种形式广泛宣传环境保护主题意识，通过广播、宣传橱窗、专栏、环境保护组织进社区，大力宣传节水、节电、绿色消费，提倡绿色生活、爱绿护绿、热心公益事业、关心身边的环境质量等。例如，在每年的植树节期间，社区都开展"植树造林、绿化家园、认养树木"活动，社区各单位部门、居民群众、中小学生踊跃参加；在每年的世界环境日，社区都要在中心广场举行大规模的环境保护主题宣传活动，广大居民群众积极参加，同时通过社区居委会组织居民进行"环境保护知识测试题"的竞赛活动，开展了评选"绿色家庭"和"环境保护先进个人"的评比，围绕着"绿色社区·温馨家园"这一主题举办一系列有关环境与健康的社区环境保护论坛，并组织青年志愿者们上门宣传垃圾分类、收集废旧电池等活动。

百步亭花园绿色社区的创建，形成了环境育人的至高境界：社区内长年洁净亮美，形成了环境育人的良好氛围。从拄杖老人到学步孩童，甚至周边的农民和建设施工的民工，人人都十分注意保护这种洁净的环境。

4.2.4　我国建设"绿色社区"的成果

自2004年全国"绿色社区"创建工作启动以来，全国各地政府高度重视"绿色社区"的创建，绿色社区建设取得了骄人的成绩。从2005—2007年，被命名为国家级的"绿色社区"达到236个，省级"绿色社区"2 168个，地市级"绿色社区"3 266个，全国各级"绿色社区"共计9 367个。

2005年，被命名为全国"绿色社区"的达112个，涉及29个省、直辖市、自治区，具体如下：

北京市（3个）：

东城区和平里街道小黄庄社区

宣武区白纸坊街道建功南里社区

西城区金融街街道丰汇园社区

天津市（3 个）：

武清区开发区栖仙社区

塘沽区解放路街道海河园

北辰区天辰社区

河北省（2 个）：

邯郸市峰逢矿区春光园社区

廊坊市广阳区康乐社区

山西省（1 个）：

太原市尖草坪区古城街道翠馨苑社区

内蒙古自治区（1 个）：

包头市青山区富强路锦林社区

辽宁省（6 个）：

沈阳市东陵区万科花园新城社区

大连市中山区青云林海物业社区

鞍山市铁东区东山社区

锦州市凌河区世纪花园社区

盘锦市兴隆台区新广厦社区

辽阳市宏伟区鹏程园社区

吉林省（2 个）：

长春市威尼斯花园

四平市海银绿苑明月小区

黑龙江省（5 个）：

哈尔滨市锦江绿色家园

黑龙江省农垦总局格球山农场社区

牡丹江市鸿峰小区

哈尔滨市闽江社区

牡丹江市丁香园小区

上海市（3 个）：

　　长宁区虹桥街道虹储小区

　　龙柏三村一小区

　　杨浦区五角场镇兰花教师公寓

江苏省（6个）：

　　张家港市杨舍镇万红社区

　　常熟市虞山镇枫泾社区居委会

　　昆山市亭林街道里厍社区

　　南京市江宁区百家湖街道办事处太平社区

　　徐州市云龙区彭城街道办事处晓光社区

　　盐城市亭湖区南苑社区

浙江省（10个）：

　　杭州市江干区采荷街道洁莲社区

　　杭州市西湖区文新街道德加社区

　　宁波市海曙区西门街道北郊社区

　　宁波市江东区东柳街道东海花园社区

　　温州市鹿城区蒲鞋市街道绿园社区

　　嘉兴市海盐核电南苑社区

　　绍兴市绍兴县柯桥街道百福园社区

　　金华市婺城区城北街道北苑社区

　　台州市椒江区海门街道建设社区

　　湖州市凤凰街道凤凰四社区

福建省（8个）：

　　福州市鼓楼区天元社区

　　福州市鼓楼区锦江社区

　　厦门市思明区鼓浪屿街道龙头社区

　　厦门市思明区莲前街道瑞景社区

　　泉州市丰泽区东湖街道圣湖社区

　　漳州市芗城区华元社区

　　南平市延平区南铝社区

　　南平市延平区四鹤街道杨中社区

江西省（2 个）：

    南昌市西湖区十字街街道建设桥社区

    九江市浔阳区白水湖街道庐峰花园社区

安徽省（2 个）：

    合肥市蜀山区琥珀山庄

    芜湖市马塘区南瑞街道沐春园社区

山东省（8 个）：

    济南市市中区四季花园社区

    淄博市临淄区稷下街道金茵社区

    寿光市兆祥小区居委会

    济宁市洸河花园社区

    临沂市兰山区曹家王庄社区居委会

    青岛市珠海路街道办事处

    青岛市市南区八大关街道办事处

    青岛市市北区浮山后社区六小区

河南省（5 个）：

    洛阳市西工区 014 中心社区

    郑州市送变电社区

    漯河市文萃偬江南社区

    开封市顺河回族区工业办事处六四六社区

    郑州市二七区大学路街道办事处嵩山社区

湖北省（2 个）：

    武汉市常青花园第三社区

    鄂州市鼓楼街道办事处花园社区

湖南省（4 个）：

    长沙市雨花区同升湖山庄

    岳阳市泰格林纸洪家洲社区

    长沙市芙蓉区德政园社区

    长沙市芙蓉区军区社区

广东省（10 个）：

广州市越秀区洪桥街三眼井社区

广州市荔湾区金花街桃源社区

广州市番禺区金海岸花园社区

深圳市华侨城社区

深圳市福田区益田村社区

深圳市福田区梅林一村社区

汕头市龙湖区锦泰花园社区

东莞市莞城区步步高社区

东莞市常平镇东田丽园社区

江门市蓬江区环市街怡康社区

广西壮族自治区（3个）：

梧州市恒祥花苑社区

南宁市翡翠园小区

桂林市新洲花园社区

重庆市（3个）：

渝中区竞地城市花园社区

万州区兴茂渝东大花园社区

綦江县石壕煤矿社区

四川省（4个）：

成都市武侯区丽都花园社区

攀枝花市东区大渡口街道东方红社区

绵阳市涪城区花园社区

自贡市自流井区东街钟云山社区

云南省（4个）：

昆明市盘龙区世博佳园生态社区

昆明市官渡区银海森林小区

曲靖市南片区阳光花园

昆明市高新技术产业开发区海源路百大国际花园社区

贵州省（2个）：

贵阳市小河区兴隆城市花园

遵义市红花岗区桃溪河畔生态住宅小区

西藏自治区（1个）：

拉萨市鲁固社区居民委员会

陕西省（5个）：

榆林市神东公司大柳塔小区

咸阳市长庆石化生活小区

西安市未央区长庆兴隆园社区

西安市高新开发区枫叶新都市

铜川市中铁一局一公司铁一处社区

甘肃省（1个）：

兰州市城关区新港城

宁夏回族自治区（2个）：

银川市兴庆区凤凰北街崇安社区

银川市长庆银川燕鸽湖社区

新疆维吾尔自治区（4个）：

乌鲁木齐市沙依巴克区八一街道办事处农科院社区

石河子市东城街道办事处 56 号社区

克拉玛依市克拉玛依区昆仑路街道办事处南林社区

巴州库尔勒市塔里木石油社区

2007 年被命名为全国 "绿色社区" 的达 124 个，涉及 26 个省、直辖市、自治区和新疆建设兵团，具体如下：

北京市（10个）：

东城区东直门街道清水苑社区

宣武区椿树街道椿树园社区

朝阳区香河园街道西坝河西里社区

海淀区八里庄街道北京印象社区

丰台区马家堡街道嘉园一里社区

石景山区八角街道八角北路社区

大兴区清源街道兴华园社区

房山区星城街道星城社区

顺义区胜利街道西辛南社区

密云县鼓楼街道沿湖社区

天津市（4个）：

和平区小白楼街崇仁里社区

大港区海滨街道幸福里小区

河北区月牙河街大江里社区

南开区华苑街日华里社区

河北省（2个）：

迁安市兴盛明珠花园社区

邯郸市水电公寓社区

内蒙古自治区（3个）：

呼和浩特市赛罕区学府花园社区

通辽市奈曼旗大沁他拉镇富康社区

赤峰市红山区松州园社区

辽宁省（4个）：

沈阳市沈河区总院社区

本溪市明山区樱桃社区

辽阳市太子河区中兴社区

大连市西岗区林茂社区

吉林省（1个）：

长春市中海水岸春城小区

上海市（1个）：

普陀区上海知音苑社区

江苏省（15个）：

南京市白下区月牙湖办事处二十八所社区

南京市鼓楼区湖南路街道丁家桥社区

南京市六合区山潘街道扬子第八社区

无锡市新区硕放街道南星苑第二社区

无锡市锡山区东亭街道春江花园社区

宜兴市宜城街道茶东社区

苏州新区狮山街道馨泰社区

苏州工业园区都市社区

吴江市同里镇鱼行社区

太仓市城厢镇县府社区

张家港市杨舍镇前溪社区

南通市海安县海安镇中心街道星海社区

扬州市广陵区曲江街道文昌花园社区

扬州市邗江区邗上街道贾桥社区

镇江市京口区正东路街道江科大社区

浙江省（17个）：

杭州市上城区青年路社区

杭州市下城区稻香园社区

杭州市余杭区新城社区

宁波市海曙区天一家园社区

宁波市北仑区芝兰社区

温州市鹿城区迎春社区

温州市龙湾区罗东锦苑社区

湖州市吴兴区白鱼潭社区

嘉兴市嘉善县玉兰社区

金华市婺城区雅苑社区

义乌市江滨社区

绍兴市越城区罗门社区

绍兴市越城区龙洲花园社区

衢州市柯城区府山社区

舟山市定海区香园社区

临海市大洋社区

丽水市莲都区东银苑社区

福建省（3个）：

福州市晋安区日出东方社区

泉州市丰泽区丰泽社区

厦门市思明区莲花五村社区

江西省（2个）：

景德镇市珠山区珠山街道莲花塘社区

九江市浔阳区甘棠街道南司社区

安徽省（1个）：

马鞍山市南湖社区

山东省（11个）：

济南市槐荫区营市街街道绿园社区

桓台县羿景嘉园社区

烟台市芝罘区奇山小区

潍坊市奎文区廿里堡街道南屯新村社区

邹城市兖矿集团物业分公司铁西社区

泰安市泰山区上高街道华新社区

威海市环翠区鲸园菊花顶社区

日照市日照港（集团）第三生活区社区

德州市德城区新华街道新华社区

聊城市中华电厂乐园小区

青岛市市南区香港中路社区

河南省（4个）：

郑州市思念果岭山水社区

中国石化集团河南石油勘探局五一社区

新乡市星湖花园社区

安阳市颐欣苑社区

湖北省（3个）：

武汉市江岸区百步亭花园社区

武汉市江汉区万松街新业小区

宜都市陆城街名都花园社区

湖南省（3个）：

郴州市永兴县国税社区

长沙市芙蓉区湘湖街道西湖社区

长沙市天心区新天社区

广东省（11 个）：

广州市越秀区东湖街小东园社区

广州市荔湾区昌华街西关大屋社区

广州市海珠区保利花园社区

珠海市五洲花城澳洲园社区

佛山市顺德区容桂街道振华社区

惠州市惠城区金迪星苑社区

广州军区广州总医院流花桥社区

东莞市茶山镇新世纪丽江豪园社区

江门市蓬江区仓后街农林社区

湛江经济技术开发区乐华街道明哲社区

深圳市桃源居社区

广西壮族自治区（9 个）：

玉林市玉柴英华小区

南宁市澳洲丽园小区

南宁市欧景庭园小区

梧州市广宇花园小区

梧州市世纪新城小区

柳州市柳南区金绿洲小区

柳州市柳北区笔架社区

贵港市阳光都市小区

百色市中山社区市委机关大院小区

海南省（1 个）：

海口市长信社区

重庆市（2 个）：

北碚区西师社区

荣昌县桂花社区

四川省（4 个）：

四川石油管理局川西北石油基地社区

　　　　攀枝花市东区南山街道春江路社区

　　　　成都市金牛区黄忠街道金沙公园社区

　　　　泸州市江阳区大山坪街道南苑社区

　　云南省（3 个）：

　　　　大理州玉洱社区

　　　　玉溪市葫田社区

　　　　曲靖市麒东社区

　　贵州省（1 个）：

　　　　贵阳市中天花园社区

　　陕西省（4 个）：

　　　　长庆石油勘探局钻井工程总公司礼泉社区

　　　　西安市建筑科技大学社区

　　　　西安市长庆龙凤园社区

　　　　靖边长庆集团新隆园小区

　　甘肃省（1 个）：

　　　　兰州市薇乐花园社区

　　新疆维吾尔自治区（3 个）：

　　　　乌鲁木齐市天山区昌乐园社区

　　　　昌吉州昌吉市上海花园小区社区

　　　　阿克苏地区阿克苏市南城街道火车站社区

　　新疆生产建设兵团（1 个）：

　　　　生产建设兵团农十师北屯幸福社区

4.3　建设"绿色社区"的经验与问题

　　绿色社区是人类社区文明发展的必然趋势。人类文明形态发展正在从工业文明形态逐步走向生态文明形态，在这一过程中，生态环境保护成为人类共同的责任担当。地球从诞生到现在，资源不断地被消耗，人类发展面临着"资源约束趋紧、环境污染严重、生态系统退化"的困局。"绿色社区"的创建正是破解这一困局的最基础的社会实践，实现人类住区的发展，实现"自然—人—社会"共存、共生、共荣、和谐发展已成为智者共识。

4.3.1 建设"绿色社区"的经验

我国自 2004 年开展"绿色社区"建设以来，在"绿色社区"创建的探索中为今后的绿色社区建设积累了宝贵的经验。

（1）政府机构强力推动。中国经济社会发展呈现出"强国家—弱社会"的态势，使得推进绿色社区建设成为政府在绿色社区建设中发挥引领作用的重要依据。2001年中宣部、国家环保总局、教育部联合颁布的《2001—2005 年全国环境宣传教育工作纲要》，第一次在国家层面的文件上提出绿色社区创建任务，文件强调了"要'绿色社区'的创建活动逐步纳入文明社区建设和精神文明建设的总体目标之中"，出在 47 个环境保护重点城市逐步开展创"绿色社区"活动，培养公众良好的环境伦理道德规范，促进良好社会风尚形成，并制定了绿色社区的主要标志（基本标准）。同年国家环保总局在"十五"期间国家环保模范城市考核指标体系中增加了绿色社区等创建活动内容。2003 年世界环境日，全国妇联和国家环保总局发表联合倡议书，提出开展"绿色家庭"创建活动，以后两个部门联合下发一些文件，组织绿色家庭宣传和评比活动的开展，绿色家庭逐步成为绿色社区创建活动的有机组成部分。在上述文件指导和推动下，我国环保重点城市的绿色社区创建活动很快起步。为了进一步推动这项创建活动，在 2004 年 6 月 5 日"世界环境日"，国家环保总局联合全国妇联举办"全国绿色社区创建活动启动仪式暨绿色家庭现场演示会"，并首次颁布了全国统一的绿色社区标志，启动全国绿色社区创建工作。[①]

（2）强化制度建设。制度是人们的行为规范。刚性的制度对人们的行为给予指引：禁止做什么、应该做什么、鼓励做什么。天津大港区海滨街幸福社区建立健全了社区的环境管理制度、环境监督管理机制、社区绿色创建奖励机制、绿色社区创建公示制度、水电用量公示报告制度等多项工作制度，从而使社区的环境宣传教育、绿色社区创建活动的经常化和延续化。武汉市百步亭花园社区建立健全的环境管理和监督机制有：①建立创建绿色社区领导机构和执行机构；②制订了创建绿色社区的工作计划和实施方案；③建立了绿色社区创建工作的档案记录，档案有专人负责，

[①] http://www.mep.gov.cn/gkml/hbb/qt/200910/t20091023_179810.htm?keywords=%E7%BB%BF%E8%89%B2%
E7%A4%BE%E5%8C%BA.

管理有序；④组建起社区绿色志愿者队伍；⑤建立了环境管理协调机制；⑥建立了可持续改进的自我完善体系。社区按阶段进行自评和总结，对于出现的问题进行纠正，不断地加以自我完善，并形成了健康持续的改进机制。通过建立健全环境管理和监督机制，从而更加有效地保证百步亭社区创建绿色社区和环境保护工作向着更加深入，更高层面，更具有可操作性、监督性的方向发展。

（3）健全组织管理网络。建立健全组织管理网络是做好绿色社区创建工作的前提与保证。天津大港区海滨街幸福社区居委会从抓组织建设入手，建立了相应的组织管理体系，完善了职能管理。幸福社区成立了由居委会、里、院、单元、户组成的5级组织网络，在辖区内真正地形成了横到边、纵到底，上下联动，齐抓共管保护社区环境的良好氛围，为绿色社区创建活动建立了顺畅的工作机制。

（4）多中心共建共治。在上述国家级"绿色社区"中均表明：绿色社区建设既需要政府引领，更需要多中心共管共建。沈阳万科花园新城的物业公司、业主管理委员会和社区管理委员会三方联合管理的"共管式"管理模式就是例证。万科童子军团、万科夕阳红团是万科社区的特色组团，由万科物业及各自组团负责人不定期共同组织进行有益于社会、有益于社区，丰富自我的各类团体活动，天津大港区海滨街幸福社区成立了由居委会、物业公司、城管等相关单位组成的幸福社区创建绿色社区工作领导小组，实行责任制，明确分工，分口负责，形成了层层有目标、人人有责任的工作机制。这一切都说明了绿色社区的创建离不开多中心共建共治。

（5）公众积极参与。绿色社区建设的成败与公众参与水平成正比，公众积极参与是建设绿色社区的根基。与全国其他先进社区、"绿色社区"相比，北京市八角北路社区最为突出的特点是其在20世纪90年代末首创的"自助绿化"模式，这种公众参与的模式维护了社区绿化、陶冶了社区居民热爱大自然的情操，增强了人与自然和谐的环境意识。天津市大港区海滨街道幸福社区成立了社区绿色环保志愿者队伍、社区环境保护监督管理队伍、社区卫生监督委员会、环境保护文艺宣传队等。社区居委会采取具体措施搞好宣传发动，不断壮大社区志愿者队伍，目前社区环境保护绿化志愿队伍已达209人，为绿色社区创建活动打下了坚实的群众基础。

（6）优化社区文化建设。文化是人们的精神家园，是人们的一种生活方式。社区文化建设为绿色社区提供精神动力和智力支持。绿色社区创建活动的关键在于人，而人的文化素质决定着绿色社区建设的成败。北京市八角北路社区十分重视教育孩子从小树立主人翁的意识、树立环境保护的意识。社区利用寒暑假组织少年儿童开展"三个一"活动,即读一本环境保护用书籍、写一篇环境保护日记、参加两次社区环境保护活动。天津市大港区海滨街幸福社区自觉地坚持"以人为本"的精神,循序渐进地以绿色社区创建活动为载体,以宣传和教育引导社区居民增强环境保护意识和法制观念为目的,以提升社区环境质量和提高社区居民的文明素质为目标,不断加强社区环境文化建设,教育引导社区居民增强环境保护意识,促进了绿色社区创建活动的深入开展,使小区环境更加优美,生活质量不断提升,居民的文明素质逐步提高,社区的环境文化建设得到了持续发展。

4.3.2 我国建设"绿色社区"存在的问题

我国"绿色社区"建设理论研究尚处于初步探索阶段,"绿色社区"建设实践尚处于问路摸索时期。尽管我国在"绿色社区"建设的理论研究和实践探索方面取得了一定的成绩,但是,我国"绿色社区"建设,在理论研究和实践建设方面还存在着诸多问题:

(1)我国目前创建的"绿色社区"并不是真正意义上的绿色社区,无论是 2004 年 7 月 14 日颁布的《全国"绿色社区"创建指南(试行)》所规定的"绿色社区"创建的组织、领导、执行机构和详细的创建计划,还是 2005 年和 2007 年两次评选的 236 个国家级绿色社区,都与真正意义上的绿色社区的本质、特征的要求相差甚远。我国目前存在的各种模式的"绿色社区",其在本质上仅是"环境友好型社区"或"和谐社区"。作为真正意义上的绿色社区的本质及其特征,本书将在第 5 章详细阐释。

(2)我国建成"绿色社区"的大环境尚不存在。①资源约束趋紧。由于我国经济增长方式尚未实现由要素驱动、投资驱动向创新驱动转型,在世界第二大经济体这一前提下,经济要保持一定速度增长必然要耗费更多的能源资源,资源约束趋紧已是不争的事实,这使得绿色社区建设缺乏绿色发展模式支撑。②环境污染严重。我国的环境污染,既有过去留下来的旧账,又有要素驱动、投资驱动导致的大量污染物的排放,建设绿色社区的良好自然环境难以形成。③生态系统退化。由于生产、消费领域长期的生态破坏,我国的生态系统已经被严重破坏并呈现出退化趋势,并且生态系统的破坏和退化难以在短时间内修复,生态赤字使得我国建成绿色社区缺乏良好的生态支撑。所以,现在的"绿色社区"创建,只能说是对工业文明时期由于黑色发展模式带来的"黑色社区"的修修补补。

（3）我国"绿色社区"创建政府主导的特征突出。无论是资源的配置或是建设机制的构建，市场力量的引入不够，市场在资源配置中的决定性作用缺乏应有的制度保护，因此，在"绿色社区"的创建实践中，为完成文明社区或文明社区建设指标，基层政府强力主导，社会组织和公民个人参与幅度、力度欠缺，市场资金进入的欲望不强，渠道不畅，导致"绿色社区"资金投入不足，公众参与不力。

（4）我国建设绿色社区缺乏强力绿色技术支撑。目前的绿色社区创建活动主要工作重点在环保和节能上，而在规划、建筑、园林设计等方面更新改造力度不够。更主要的问题是绿色社区建设需要先进的绿色技术支撑，而我国核心的绿色技术主要依靠进口，而绿色技术进口仅依靠地方政府的财力、社区的建设规划是难以实现的。要建设绿色社区，全社会各领域的绿色技术创新意识、创新素质、创新能力亟待提升。

（5）我国绿色社区建设的组织管理整体上相对落后。①我国的绿色社区创建由国家环境保护总局牵头并由其下属各职能部门负责开展工作，而国家环境保护总局及其下属职能部门的职能重在环境保护，而绿色社区建设却并非只是建设环境优美社区。因此，在全国并没有设立全国性的绿色社区组织以对绿色社区建设进行统一领导、谋划与设计。②我国大多数绿色社区建设中没有建立完善的社区绿色领导与管理机构，绿色管理制度、公众参与生态环境监督制度供给不足，等等。③绿色社区建设因认识不足导致工作定力不够。在我国，绿色社区创建全国性的评选活动仅有 2005 年和 2007 年两次，此后这一工作中断，导致一些不合格的"绿色社区"没有从绿色社区中剔除，一些优质生态社区又没有被选入。

我国绿色社区建设，从其大前提看，需要社会主义生态文明建设在我国取得巨大成就，从思想观念上看，需要厚植"尊重自然、顺应自然、保护自然"的生态文明理念，使其成为全民族的一种优质文化；从制度层面看，既需要改革既有的不利于生态文明建设的旧制度，又要进行有利于生态文明建设的制度创新，从技术层面看，需要全民族的强力绿色发展技术创新。总体来说，我国的绿色社区建设任重道远。

第 5 章

绿色社区的本质

本质是事物内在的、本质的必然联系。只有正确认识事物运动变化的本质（规律），并在合乎事物本质和规律的认识指导下进行实践，才可以取得实践的成功。绿色社区是社会主义生态文明在社区建设上的具体体现，是社区建设的未来指引，是人类最佳的社区形态。建设绿色社区，必须首先揭示绿色社区的本质，进而把握建设绿色社区的规律，按规律办事。

5.1　绿色

绿色的本义指的是五颜六色中的一种颜色。绿色是大自然的本色，是万物赖以生存的基础。绿色代表的含义是安全、生命、生机、生命与和平，它的终极指向是：人类在生产中追求"自然—人—社会"间关系的和谐，在实现"自然—人—社会"关系和谐中追求科学发展，在实现科学发展中成长拓展"自然—人—社会"的无限期翼。从某种角度来看，人类的文明史是利用绿色资源来提高人类生活质量的历史。良好的生态环境是人类发展的基础，美丽的绿色是人类共同的期盼。绿色是永续发展的必要条件和人民追求美好生活的重要诉求。

5.1.1　绿色的基本含义

绿色是大自然的本色，也是万事万物生命的本色。自 20 世纪末以来，"绿色"衍生出许多新的含义，被广泛地应用于各种产品、服务、活动中和人类社会的各个领域。21 世纪是"绿色"的世纪，绿色社区中的绿色，其基本含义应该是：

（1）绿色是对"自然—人—社会"间关系的深刻反思。这种深刻反思既是对工业革命以来工业社会中"自然—人—社会"间关系的深刻反思，是对西方工业文化在当下的彻悟，也是对博大精深的中华文化中关于"自然—人—社会"间关系"道法自然""天人合一"观念的传承与现代化，更是对当下后工业社会"自然—人—社会"间"共存、共生、共荣与和谐发展"关系的一种张扬。

（2）绿色表达的是"自然—人—社会"间的共存、共生、共荣与和谐发展的思想观念。人类对"自然—人—社会"间关系的反思，警醒人们必须重新审视黑色工业文明社会中"自然—人—社会"间的关系，树立"尊重自然，顺应自然，保护自然"的社会主义生态文明理念。因此，这种思想观念是人们建设社会主义生态文明下的一种人们内化于心的"尊重自然、顺应自然、保护自然"生态文明理念。这种理念内化于人类经济、政治、文化、社会诸领域，并通过以人为本的人类生产、交换、分配、消费等实践活动和社会关系体现出来。

（3）绿色张扬的是"自然—人—社会"共同体中人类的一种生活方式。这种人类生活方式是基于绿色思想观念下的一种人们外化于行的生产、分配、交换、消费实践，这种生活方式是由"尊重自然、顺应自然、保护自然"生态文明理念所形塑的。尊重自然，是人与自然相处时应秉持的首要态度，要求人们对自然怀有敬畏之心、感恩之情、报恩之意，尊重自然界的创造和存在。顺应自然，是人与自然相处时应遵循的基本原则，要求人们要顺应自然规律，按自然规律办事。保护自然，是人与自然相处时应承担的重要责任，要求人们发挥主观能动性，在和自然界进行能量交换时，呵护自然，回报自然。

（4）绿色诠释着一种新的发展方式。在人类几千年的发展史中，人们对"自然—人—社会"共同体间关系的正确认识欠缺规律性的认识，因而在人类社会发展方式的选择上步入工业文明社会黑色发展方式。这种黑色发展方式，以无节制地追求"GDP"为核心，以政治腐化、经济衰退、文化枯竭、社会嗜血、生态破坏为特征，使人类社会发展进入"寂静的春天"。20 世纪 60 年代以来，人们才从日渐突出的人与自然、社会、环境、资源的矛盾中醒悟过来，开始重新审视与评价工业文明社会的黑色发展方式，并提出了全新的绿色发展理念、绿色发展模式和绿色行动纲领。

因而，本书认为，绿色社区中的"绿色"是指：社区中一切有利于"自然—人—社会"共同体和谐发展、有利于提升人类物质文化生活品质、有利于增进人类福祉，进而使人类社会永续发展的思想观念、制度安排、物品供给与社会活动。

5.1.2 绿色的基本特征

事物的本质通过该事物的基本特征表现出来。绿色作为一种思想观念、发展方式、生活方式，其特征表现为多元化，但其基本特征如下：

（1）富有生命活力。绿色是生命的象征，也是生命之源，而生命的持续在于其活力，绿色因其本性而天然具有活力禀性，其蕴含于世间万物之中并赋予万物于无限生机。无论是自然界、还是人类社会或是人与自然关系的处理，拥有绿色，就会拥有生命、活力与希望。

（2）秉持可持续性。可持续性意指事物的一种可以长久维持的过程或状态。人类社会的持续性，主要由经济可持续性、政治可持续性、文化可持续性、社会可持续性和生态可持续性 5 个相互联系不可分割的部分组成。作为绿色本义在人类社会的承接，其基本要义是"自然—人—社会"共同体在空间上的共存、共生、共荣，在时间上的前后相继与延绵不断，从而推进并展现世间万物发展的可持续性。

（3）贯通社会诸领域。绿色与大自然、植物紧密相关，但并不仅仅只与大自然、植物相关，它应是贯通于自然、社会和人的思维之中。在社会①诸领域中，绿色贯通于社会诸领域，表现为绿色经济、绿色政治、绿色文化、绿色社会。

（4）依赖科学文化的滋润。在人类社会中，绿色与科学文化表现出一种互为因

---

① "社会"是一个内涵和外延极为丰富的概念。依据既有的研究成果，"社会"一词可以划分为 3 个层次的社会：一是宏观层面的社会，它指的是整个世界，包括自然界、人类社会和人的思维；二是中观层面的社会，它指的是人类社会，包括政治、经济、文化、生态领域（处理人与自然关系）；三是微观层面的社会，它指的是公权力不发生作用的市民社会或称之为第三域，它包括教育、医疗、科技、社会组织等民间领域。本书所指的"社会"是中观层面的"社会"。

果的关系。一方面，绿色从科学文化中汲取丰富的生长素，离开科学文化，绿色无以为继，工业文明下的"黑色"发展模式使得绿色成为稀缺物品就是例证；另一方面，绿色是科学文化的必然之义，绿色使得科学文化具有人性属性，富有生机与活力。

（5）发力于善的制度安排。制度是人类社会存续与发展所必需的人的行为规范，对人的行为进行指引与约束，制度具有建构秩序的功能。制度具有善恶之分，善的制度可以引领人的行为走向善，恶的制度一定导致人的行为走向恶。在生态文明视域下，善的制度就是一种具有"尊重自然、顺应自然、保护自然"特质的人的行为规范，在这种善的制度的引领与规范下，人们将会正确处理天—地—人之间的关系，其行为表现出珍爱绿色、善用绿色的特质。因而，绿色的存续于功能发挥，发力于善的制度安排。

5.2 社区

社区（community）是人们安身立命、生活栖息的场所，是一个国家、社会的组成细胞和基层单位。随着社会文明开化的推演，"社区"已经成为我国经济社会建设中的一个极其重要的关键词。改革开放以来，我国城乡发生了从单位制到社区制的变化，社区已取代单位成为社会控制的新平台，成为国家政权建设的重要组成部分。

5.2.1 社区的基本含义

社区自古以来就是人类生活的基本场所。"社区"一词渊源久远。2 300多年前的哲人亚里士多德在论及作为政治组织范式的城市时第一次在技术意义上使用"社区"一词。1887年，德国社会学家F. 滕尼斯在他的成名作《共同体与社会》中首次提出了作为社会学意义上的"社区"概念，F. 滕尼斯所指称的"社区"，其本义是指那些有着相同价值取向，人口同质性较强的社会共同体。这种共同体的外延主要限于传统的乡村社会。F. 滕尼斯提出社区这个概念，目的是和城市社会作比较，用于探讨人类历史变迁的总体趋势。他认为，尽管传统的共同体时代必然被新兴的社会时代所取代，尽管传统的人际关系必然被现代工商业条件下的人际关系所取代，但是共同体的生活方式、价值观念以及人际关系中的精华部分还将继续持久地存在于社会的生活方式内部，"共同体的力量在社会的时代之内，尽管日益缩小，也还保留着，而且依然是社会生活的现实。"① 所以，虽然他的概念揭示了社区的许多内在的核心要素，但是从使用范围来讲，还存在许多不足。他在论著《社区与社会》中提出，社会和社区是两种理想的社会生活区类型。社区是那些具有共同价值取向的同质人口组成的关系密切、出入相友、守望相助、疾病相抚、富有人情味的社会关系和社会利益共同体，反映的主要是基于亲族血缘关系而结成的社会联合。② 在这种社会联合中，情感的、自然的意志占优势，个体的或个人的意志被感情的、共同的意志所抑制，相当于一种放大了的家庭和宗族关系。与此相应，他将由人们的契约和由"理性的"意志所形成的联合称为"社会"。

F. 滕尼斯之后，随着西方国家工业化和城市化的发展，社会学界对社区的内涵和外延的纷争始终不断。美国学者罗密斯（C. P. Roomies）将"社区"译为英语"community"，"community"的含义更广泛，具有公社、团体、社会、公众及共同体、共同性等多种含义。1936 年，美国芝加哥大学社会学系教授 R. 帕克在社区研究中，试图从社区的基本特点上对社区下定义。在他看来，"社区的基本特点，可概括为：一是有按区域组织起来的人口；二是这些人口不同程度地与他们赖以生息的土地有着密切的联系；三是生活在社区中的每个人都处于一种相互依赖的互动关系。"③

著名的芝加哥学派通过增加地域特征和降低同质性要求赋予了"社区"这个概念的现代意义，他们认为，"社区"是社会团体中个人及其社会制度的地理分布，通常指以一定地理区域为基础的社会群体。其基本特征是：有一定的地理区域，有一定的人口数量，居民之间有共同的意识和利益，并有较为密切的社会交往。村庄、小城镇、街道邻里、城市的市区和郊区、大都市这些规模不等的单位都可被看作是社区。在芝加哥学派的社区研究中，一般将社区看作是连接环境和人的生活方式的概念，用于考察现代都市生活的独特性。"社区"概念的这一嬗变具有重要意义，因为从研究社会变迁的角度出发，与前工业社会认同感强、人际互动频繁、对群体公共生活参与性高的社区相比，现代城市社区由于人的异质性、高流动性，以及社

---

① [德] F. 滕尼斯：《共同体与社会》（林荣远译），北京：商务印书馆，1999 年版，第 340 页。
② 连玉明：《学习型社区》，北京：中国时代经济出版社，2001 年版。
③ 拉里·莱思：《都市社会中的社区》（英文版），芝加哥：多塞出版社，1987 年版。

会关系的特质、社区组织的特质、城市区文化的特征、都市人格等方面的变化，确实使都市人越来越远离 F. 滕尼斯意义上的 Gemeinschaft，社区也从最初的社会学分析概念发展为现代社会运行的具体机制和模式。

1955 年，美国社会学家乔治·希勒里在综合社区不同定义的基础上，给社区下了一个较为简单明了的定义，即"社区是指包含着那些具有一个或更多共同性要素以及在同一区域保持社会接触的人群"。①

在我国，率先试用"社区"这一词语的是当代社会学家费孝通先生。20 世纪 30 年代初，以费孝通为代表的燕京大学青年学生在翻译 F. 滕尼斯著作及词汇"community"时，认为当时将"community"翻译为"地方社会"一词并不恰当，而将其译为"社区"，并认为一个村庄、一个小镇、一座大城市或大城市的一个区域等，都是社区，并强调这种社会群体生活是建立在一定地理区域之内的。自此，"社区"一词流行开来并日益受到了重视和推广。

1986 年民政部为配合城市经济体制改革和社会保障制度建设，倡导在城市基层开展以民政对象为服务主体的"社区服务"，首先将"社区"这一概念引入了城市管理。1989 年 12 月 26 日全国人大通过的《中华人民共和国居民委员会组织法》明确规定："居民委员会应当开展便民利民的社区服务。"并在以后的政策文件中，完善了社区组织等提法，进一步明确了社区的法律地位。可见，社区是随着社会经济的发展应运而生的，是社会发展的必然产物。

吴文藻先生指出："社会是描述集合生活的抽象概念，是一切复杂的社会关系全部体系的总称。而社区乃是一地人民实际生活的具体表词，它有物质基础，是可以观察得到的。"②

由于社会学者研究角度的差异，社会学界关于社区的定义众说纷纭，至今依然没有形成一个明确统一的定义。但归纳起来不外乎两大类：一类是功能主义观点，认为社区是由有共同目标和共同利害关系的人组成的社会团体；另一类是地域主义观点，认为社区是由一定数量的人口为主体，按照一定的制度组织起来的，有着一定的地域界线和认同感的人类生活共同体，社区是一个相对独立的地域性社会。③

任何概念都是对事物本质属性及其基本特征的一种抽象。社区既不同于国家，

---

① [美]乔治·希勒里：《社区的定义：一致的地方》，载《乡村社会学》1955 年第 6 期，第 118 页。
② 程玉申：《中国城市社区发展研究》，上海：华东师范大学出版社，2002 年版。
③ 陶铁胜：《社区管理概论》，上海：上海三联书店，2000 年版。

又不同于城市，也不同于社会群体。但无论从哪个角度去研究，社区还是离不开一定的社会生活共同体和它的地域性的。因此，在借鉴前人认识成果的基础上，本书将社区界定为：社区是指聚居在一定地域范围内的人们所组成的社会生活共同体。这一界定包括以下五层含义：①社区拥有一定的地域。任何社区都存在于一定的相对独立和稳定的地理空间之中。②社区拥有一定的人口。以一定社会关系与社区关系为纽带为基础组织起来的进行共同生活的人群是社区人口的主体。③社区拥有一定的文化。一定社区中共同生活的人们由于相同的利益，或相同的社会分层而产生的对社区的认同和归属感，并在此基础上而产生的具有一定特色的社区意识及社区文化。它是社区生存和发展的精神食粮。④社区拥有一定的机构。人们为了维护共同的价值和利益，必然授权予一定的组织和机构，通过制度供给为人们的行为"立法"，形成社区的生存发展和谐秩序。⑤社区的核心内容是社区中人们的各种社会活动及其关系。不管一个人居住在哪个社区，必然同其他居民就居住环境、卫生、治安、社区 参与等问题产生内在的互动关系。

5.2.2 社区的基本功能

社区之所以能够存在和发展，就在于它具有其存在的价值——社区的功能。从社会学的角度分析，社区具有空间功能、连接功能、社会化功能、控制功能、传播功能和援助功能。

（1）空间功能——社区为人们的生存和发展提供空间。没有这个空间，人们就无法生存与发展。因此，空间功能是社区最基本、最主要的功能之一。

（2）连接功能——社区在为人们提供空间的基础上，将具有不同文化背景、生活方式、人生观和价值观的个人、家庭、团体聚集在一起，提供彼此沟通、交流的机会，提倡共同参与社区活动、相互援助，从而将居民密切连接起来。

（3）社会化功能——社区不仅将具有不同文化背景、生活方式的居民连接在一起，还通过不断的社会化过程，相互影响，逐步形成社区的风土人情、人生观和价值观。

（4）控制功能——社区通过各种规章制度、道德规范有效地维持社区的秩序，保护社区居民的安全。

（5）传播功能——社区因拥有密集的人口，从而成为文化源、知识源、技术源、信息源，为传播提供了条件。各种信息在社区内外，以各种方式迅速传播、辐射，为人们及社区本身的发展创造了基础。

（6）援助功能——社区对妇女、儿童、老年人等特殊人群及处于疾病或经济困难中的弱势群体，能提供帮助和支援。

5.3　绿色社区

20 世纪八九十年代以后，随着生活水平的提高、可持续发展理念和新地方主义思想理论的兴起，以及城市化进程的不断推进等多方面因素，传统社区革新升级已成必然。一种能实现"自然—人—社会"共存共生共荣和谐发展的新型社区——"绿色社区"已成为人们的共识和追求。"绿色社区"这一概念最初是由环保组织"地球村"引进中国的，最初的含义是指在社区层面上的环保实践。后来国内外学者尝试从不同角度对绿色社区的含义进行界定，但到目前为止，"绿色社区"尚无一个权威的、统一的、能为人们形成共识的界定。

5.3.1　绿色社区的定义

学界关于绿色社区的界定众说纷纭，较为权威的定义可概括如下：

郭永龙（2001）认为绿色社区是在传统社区的基础上，将人性化、生态化作为社区创建的宗旨，即从社区的设计、消费、管理上始终贯彻绿色的理念，让社区达到既保护环境又有益于人们身心健康的目的，与此同时，又与城市经济、社会、环境的可持续发展相协调。[1]

王汝华（2001）在著作《绿色社区建设指南》中指出：社区是聚居在一定的地域内的人们所组成的社会共同体。绿色社区是指自主建立并长期保持社区环境管理体系和环保公众参与机制的社区。它的核心要素是社区环境管理体系，是社区自治的重要组成部分。环境管理体系不必独立于社区管理机构而另外设立，而应将环境管理纳入居委会日常管理工作中，有明确的目标和职责，有必要的机构、人员、资

---

[1] 郭永龙：《绿色社区的理念及其创建》，载《环境保护》2001 年第 9 期。

金、设施保证，有环保宣传和具体环保行动，有自查、纠正和改进机制。①

李久生（2003）认为绿色社区是指符合可持续发展思想，具有很完备硬件和软件设施的社区组织。②

徐威等（2004）分别对绿色社区的狭义和广义内涵进行了归纳，认为狭义的绿色社区是指具备了一定的符合环境保护要求的设施，建立了较为完善的环境管理体系和公众参与机制的社区；广义的绿色社区是指实现了环境保护和可持续发展的社会生活共同体。③

刘健雄等（2008）认为绿色社区是以可持续发展为内核、以环境文化为外壳，"用绿色生活方式营造自然的、天人合一的、理想的家园地域"。④

在加拿大，绿色社区被解释为："以社区为基础的、非营利的、多合作伙伴的环境组织。该行为使绿色社区产品和服务得到转变和提高。每一个绿色社区都有它自己独立的领导机构、财政预算以及专业的服务人员。"⑤

尽管人们对绿色社区的认识各有区别，但在以下的认识上逐步达成一致：绿色社区可以从广义和狭义上来理解。狭义的绿色社区是指具备了一定的符合环境保护要求的设施，建立了较为完善的环境管理体制和公众参与机制的社区。广义的绿色社区指的是实现了环境保护和可持续发展的社会生活共同体。

学界对绿色社区的界定，不失真理性的颗粒，给人们思考绿色社区的科学含义提供了宝贵的思想材料。但是，大多数学者对"绿色社区"的界定没有顾及绿色社区的文明形态，他们界定的"绿色社区"在真正意义上来看只是基于工业文明社会形态下的环境友好型社区，而不是真正意义上的绿色社区。绿色是大自然的本色，代表着生命、自然、和谐，是地球上生命的最终源泉，正是在这个意义上说，它可以作为生态和谐的象征，把它运用于经济社会领域，则象征着人与自然、生态与经济、自然与社会、人与人、人与社会的和谐发展。基于此，我们认为，绿色社区的本质是"自然—人—社会"和谐、统一、发展的社区。基于此，本书将绿色社区界定为：以"人、自然、社会和谐共生"为主旨，以人的生活选择和消费过程为主导，

① 王汝华：《绿色社区建设指南》，北京：同心出版社，2001 年版。
② 李久生、谢志仁：《略论中国绿色社区建设》，载《环境科学技术》2003 年第 8 期，第 33～36 页。
③ 徐威等：《绿色社区创建指南》，北京：中国环境科学出版社，2004 年版。
④ 刘健雄、张丽：《在环境认同中建设绿色社区环保志愿者网络》，载《环境教育》2008 年第 1 期，第 7 页。
⑤ http://www.gca.ca/Story.html.

以绿色发展为核心、以人与环境、人与社会、人与人的良性互动为基础，具备了一定要求的硬、软件设施，建立了完善的生态管理体系和公众参与机制，实现人与自然、人与社会、人与人、人与自身共存、共生、共荣、全面和谐统一的新型社区。具体地说，绿色社区包含以下几层含义：

（1）绿色社区是一个以绿色发展为核心，尊重自然环境，具有良好自然生态的场域。绿色社区必定体现地域的特点，即环境美好、生态健康，同时又能充分适应和利用周围的环境并与之相协调，保护其赖以生存的生态环境和精神文化不断进步，体现可持续性。

（2）绿色社区是一个合理有效地、节约型地利用资源的聚落。它积极倡导节约能源、节约用水、科学生活、绿色消费，它要求尽量利用可再生资源，减少不可再生能源的消耗，提高资源的利用率。

（3）绿色社区是一个为居民提供优质生活的场所。它充分体现对人的关怀和对生活方式的尊重，促使居民身心健康、提供居民优质生活。同时也表明居民的经济生活、社会生活和文化生活达到了良好的水平。管理有序、服务完善、环境优美、治安良好、生活便利、人际关系和谐是环境友好型社区追求的目标。

（4）绿色社区是一个由自然环境、人文环境和居民活动共同构成的开放式系统的整体。社区中的各种组成要素构成一个开放的健康运转的生态系统，并在与外部环境的交流和循环中处于一个动态的平衡之中的生态安全型社区。

（5）绿色社区是一个具有绿色"硬""软"件要求的区域。绿色社区是由绿色"硬件"和绿色"软件"构成的有机整体。其硬件包括绿色建筑和社区绿化、垃圾分类、污水处理、节水、节能、新能源应用等应用措施。其软件主要包括"十个一"：一个由政府各有关部门、民间生态环保组织、居委会和物业公司组成的联席会；一套先进的生态环境管理体系；一支起先锋骨干作用的生态环境保护志愿者队伍；一道造型优美、人与自然和谐的园林绿化景观；一个清洁舒适的生活环境；一种保护"自然—人—社会"和谐发展的行为意识；一系列持续性的生态环境保护活动；一块普及生态环境保护科学知识的宣传阵地；一定数量的绿色文明家庭；一种绿色健康的生活方式。

（6）绿色社区拥有健全的生态环境管理和监督体系，能有效地保障居民生态环境权益。在绿色社区，有完善的生态环境保护建设设施，无环境污染、无生态破坏、无扰民环境问题。具体而言，要做到环境噪声值达到功能区标准，生活污水进入管网收集系统或处理设施，有节省能源和资源重复利用的举措，并积极推广和使用清洁能源，有一定的环境文化氛围，积极开展生态环境科普教育和生态环境宣传教育活动。有整洁优美的居住环境，开展绿化植树种草种花，有公共绿地，有公共娱乐、休闲、交流的场所，居民有较高的环境意识。

（7）绿色社区的公众参与渠道畅通，机制健全。创建绿色社区的最主要目的是使公民能够认识和行使自己的环保权利和责任，通过政府与民间组织、公众的合作，把环境管理纳入社区管理，建立社区层面的公众参与机制，让环保走进每个人的生活，加强居民的环境意识和文明素质，推动大众对环保的参与。在建设绿色社区的过程中，通过各种活动，增强社区的凝聚力，创造出一种与环境友好、邻里亲密和睦相处的社区氛围。

社区之所以被冠以"绿色"而被称之为"绿色社区"，还因为其具有"三有一高"的主要标志：①有健康优良的生态环境；②有健全的生态环境管理和监督体系；③有完备有效的生态环境防治措施；④居民整体生态环境意识高。

符合"绿色社区"称号的社区，必须符合以下"八化"条件：社区文化理念生态文明化，社区规划布局合自然化，社区工程质量绿色标准化，社区建筑材料生态环保化，社区能源消耗清洁化，社区资源利用循环化，社区治理公众参与制度化，社区居民生活方式绿色化。

5.3.2 绿色社区的功能

绿色社区之所以成为人类社区发展的未来指引，在于它具有重大价值——绿色社区的功能。它除了具有一般社区所具有的空间功能、连接功能、社会化功能、控制功能、传播功能和援助功能外，还具有"绿色"功能——厚植社会主义生态文明理念的功能，助推绿色发展的功能，培育绿色人才的功能，推进绿色技术发展的功能和固化绿色生活的功能。

（1）厚植社会主义生态文明理念。绿色社区以实现社区"自然—人—社会"共存共生共荣和谐发展为立身之本，在建设绿色社区的实践中，人们必须实现"自然—人—社会"共同体的协调建设，实现人和自然的"两个解放"，从而使"尊重自然、顺应自然、保护自然"的社会主义生态文明理念在社区规划、建设、治理和制度供给全过程中实现全覆盖、全渗透，并体现在社区居民的日常生活方式和生产方式之中。

（2）助推绿色发展。绿色发展已经成为世界发展的潮流和趋势。当今世界，各国都在积极追求绿色、智能、可持续的发展。回应时代命题，党的十八届五中全会提出创新、协调、绿色、开放、共享的发展理念。绿色发展理念是中国当前和今后一个时期始终坚持的发展理念，是"'十三五'乃至更长时期我国发展思路、发展方向、发展着力点的集中体现，也是改革开放 30 多年来我国发展经验的集中体现，反映出我们党对我国发展规律的新认识。"① 绿色发展是当今世界共同的、先进的发展理念，也是我们破解发展难题、厚植发展优势的必由之路。在建设绿色社区的实践中，通过绿色技术创新、治理体制机制创新，构建低碳能源体系、发展绿色建筑和低碳交通、优化社区产业结构、践行绿色生活方式，从而形成人与自然和谐发展新格局，使绿色发展实现从观念到实践、从实践到现实的转化，使绿色发展落地生根开花结果，助推绿色发展。

（3）培育绿色人才。人是一切建设之根本，也是建设的根本推动力。社区居民在绿色社区建设实践中，通过社会主义生态文明理念的熏陶、社区绿色治理制度的规范、绿色生产方式和生活方式的实践，从而成长为"观念—行为—生活"绿色化的人才，为建设社会主义生态文明、推进绿色发展培育高素质的绿色人才。

（4）推进绿色技术发展。绿色社区建设需要绿色科学技术的强力支撑，在这一强大的内在驱动力的驱动下，社区内各组织、企业、学校、居民必将大力开展绿色技术创新，兴办绿色企业，形成开发绿色科学技术合力，推进绿色科学技术发展。

（5）固化绿色生活。绿色社区大力倡导绿色生活，使生态环境保护成为一种生活方式，一种社区文化，一种人人参与的行为和时尚。社区内生态环境保护教育的开展、绿色发展理念的形成、社区绿色发展制度的建立、绿色生产方式和生活方式的养成，这一切都将使社区的绿色生活方式常态化并形成一种内聚力，固化社区绿色生活。

5.3.3 生态文明形态下的绿色社区与工业文明形态下的黑色社区的区别

工业文明社会形态下的社区是生态文明社会形态下的社区创建的基础，而生态

---

① 习近平：《〈关于中共中央关于制定国民经济和社会发展第十三个五年规划的建议〉的说明》，新华网，2015 年 11 月 3 日，http://news.xinhuanet.com/ fortune/2015-11/03/c_1117029621_2.htm。

文明社会形态下的社区则是对工业文明社会形态下的社区的扬弃。然而，生态文明形态下的绿色社区与工业文明形态下的黑色社区是两类性质不同的社区，它们有着根本的区别：

（1）所属的社会文明形态不同。绿色社区属于社会主义生态文明形态下的社区，其以实现"自然—人—社会"和谐为根本要义，践行绿色发展模式，追求自然和人的双重解放，实现人与自然、人与人、人与社会、人与自身的和谐发展。黑色社区属于工业文明形态下的社区，其以人对自然的过度开发使用以致破坏生态环境为基本特征，施行黑色发展模式，追求人的无止境的物质欲望，导致"自然—人—社会"有机整体的裂解，从而使人与自然关系紧张并导致社会弊病不断频发。

（2）所尊奉的文明理念不同。绿色社区尊奉"尊重自然、顺应自然、保护自然"的社会主义生态文明理念，在社区建设中，秉持尊重自然的首要态度，遵循顺应自然的基本原则，承担保护自然的重要责任，从而实现人与自然的双重解放、"自然—人—社会"有机整体和谐发展。黑色社区信奉"轻视自然、改造自然、战胜自然"的工业文明理念，在社区建设中，人类以征服者、占有者的姿态面对自然，以轻视自然为基本态度，以改造自然为基本原则，以战胜自然为重要任务，为满足自身需要向大自然不断索取，从而使人类赖以生存的生态环境遭受严重破坏，生态危机日益严重。

（3）所追求的社区价值取向不同。工业文明社会形态下的社区以满足人们居住的空间大小为目的，很少顾及以人为中心的居住环境。而生态文明社会形态下的社区不仅要考虑人们居住的空间大小，而且还要考虑社区与生态环境的和谐关系，强调人性化、生态化的统一，满足可持续发展。

（4）所导致的后果不同。社会主义生态文明下的绿色社区以"尊重自然、顺应自然、保护自然"为理念，追求社区与生态环境的和谐，它必将能够实现人与自然关系的和解，实现社区"自然—人—社会"有机整体的和谐发展，必将使生态环境"天蓝、地绿、水净、人美"，增进人类福祉；工业文明形态下的黑色社区以"轻视自然、改造自然、战胜自然"为理念，仅以满足人的空间利益为目的，它必将导致人与自然关系的紧张，最终使得"自然—人—社会"有机整体关系破裂，严重制约着人类社会的可持续发展和福祉的增加。

工业文明社会形态下的社区与生态文明社会形态下的社区的主要区别如表 5-1 所示。

表 5-1　工业文明与生态文明社会形态下的社区差异

比较因素	工业文明社会形态下的黑色社区	生态文明社会形态下的绿色社区
社会文明形态	工业文明	社会主义生态文明
文明理念	轻视自然、改造自然、战胜自然	尊重自然、顺应自然、保护自然
价值取向	只考虑人们居住的房屋空间大小	不仅要考虑人们居住的空间大小，而且还要考虑社区与生态环境的和谐关系
后果不同	导致人与自然关系的紧张，最终使"自然—人—社会"有机整体关系破裂，严重制约着人类社会的可持续发展和福祉的增加	能够实现人与自然关系的和解，实现社区"自然—人—社会"有机整体的和谐发展，必将使生态环境"天蓝、地绿、水净、人美"，增进人类福祉

作为"绿色社区"，既有优美、优良、无生态破坏的环境，也要有优良的环境文化氛围，更重要的是居民整体具有较高的生态环境意识、生态环境保护的自觉性和责任感。建设"绿色社区"，是养成公民良好生态环境伦理道德规范，提高社区居民的生态环境保护意识，满足人们对高层次居住环境和生活质量的追求的需要；是坚持可持续发展，坚定走生产发展、生活富裕、生态良好、社会和谐的文明发展道路的需要；是实现"自然—人—社会"共同体和谐发展的需要。建设天蓝、地绿、水净的美丽社区，必将引领社区走向生态文明新时代。

5.4　建设绿色社区与绿色社区建设

绿色社区是建设绿色社区和绿色社区建设的有机统一，我们对绿色社区的理论形态和实践形态在理论概括与逻辑表述上，有"建设"作为绿色的前缀和后缀之分的两个概念，即"建设绿色社区"与"绿色社区建设"。前者是绿色社区在观念上的表现形态，后者是绿色社区在现实中的表现形态，是理想与现实的有机统一。

5.4.1　建设绿色社区

建设绿色社区即建设社会主义绿色社区，在本质上是社会主义社区形态与社区形态结构的生态变革与转型和绿色创新与创建，是社会主义社区发展乃至全球社区发展的伟大创造。

所谓建设绿色社区，是指社区居民按照绿色社区的本质属性、科学内涵与实践指向，坚持科学社会主义的正确方向和基本原则，以解决当代自然、人、社会之间全面异化的工业文明发展危机为时代使命，努力推进人与自然、人与人、人与社会、人与自身和谐共生共荣、自然生态和社会经济的全面协调发展，实现中国特色社会主义社区形态和社区结构形态的生态变革、绿色创新与全面转型发展，建成生态经济社会有机整体和谐协调发展的全新文明形态，使人类文明发展跨进真正意义上（即人类文明的本真形态）的生态文明新阶段，或者说真正走进社会主义生态文明新时代。这是建设社会主义绿色社区的主旨，是实践马克思主义"自然—人—社会"有机整体和谐协调发展理论的生动体现。

建设社会主义绿色社区既是当今社会主义社区发展的根本方向，又是人类社区未来发展的根本方向，从一定意义上说，建设绿色社区在很大程度上决定社区发展的未来，是引领社区走向社会主义生态文明的价值追求和必由之路。

5.4.2　绿色社区建设

绿色社区建设是绿色社区理念、理论在社区居民创造性的生态实践中的现实表现，是对以往人类社区发展模式与社区建设结构模式的生态变革与绿色创新转型的重塑过程，或者说是居民建设绿色社区的绿色路径，实现对以往社区发展模式与社区建设模式扬弃与超越的构建过程。因此，绿色社区建设理念也有狭义和广义两种意义。

所谓狭义的绿色社区建设，是指在尊重、顺应、保护自然的前提下，以谋求人与自然和谐发展为灵魂和主旨，大力推进"自然生态系统的文明"建设。这是与物质文明建设、政治文明（制度文明）建设、精神文明建设、和谐社会建设相并列的文明建设领域之一，是整个社会文明建设的一个领域（方面）。

所谓广义的绿色社区建设是一种扬弃、超越工业文明发展模式及经济社会发展模式的社区建设模式。在当代中国语境下的绿色社区建设，是以人类社区发展的生态变革、社区形态创新与全面转型为时代背景，又是在以发展为第一要义的语境下的绿色社区建设，必然具有多维价值取向与实践指向；在促进人与自然和谐共生共荣的同时，要达到人与人、人与社会、人与自身的和谐协调发展。这就促使人们对工业文明时代的经济、政治、文化、科技、社会实践活动的意义、价值、方式的重新思考与历史反思，进而变革、创新、重构社区发展模式。正是在这个意义上，中国的绿色社区建设应当是经济建设、政治建设、文化建设、社会建设、生态文明建设的"五位一体"的社区建设体系。因此,广义的绿色社区建设是指我国社会主义现代化的各个方面、各个领域诸层面的社区结构乃至全过程的整个社区建设的重塑过程,充分显示绿色社区整体性的本质特征。

绿色社区建设是一个系统工程。一个国家的绿色社区建设可以分为 4 个层次:绿色家庭建设、绿色小区建设、绿色社区建设、绿色社会建设。绿色家庭建设,主要以教育、参与为主,选择典型家庭,进行生态环境保护知识教育,培养公众的生态环境保护意识。绿色小区建设,以建设、规划为主,使"自然—人—社会"和谐共存共生共荣理念在小区的建设、规划、管理过程中得以实施,努力在小区之间形成网络关系,构建绿色社区的基本组成个体。绿色社区建设,主要以管理为主,主要体现在倡导社区的绿色消费、社区企业经济结构的绿色升级、对社区企事业进行绿色发展监督以及注重与城市建设的协调发展等方面。绿色社会建设,则主要是进行生态城市和省区的建设。

第6章

绿色社区的评价与方法

　　绿色社区评价指标体系及其评价模型的构建是厘定推进绿色社区建设依据的基础性工作。绿色社区建设是一个系统工程，因而绿色社区评价指标也是一个系统的指标体系。科学的评价方法是对绿色社区建设成果的检验与认同。本章针对绿色社区的系统特征，依据绿色社区的功能要求，建立绿色社区评价指标体系、确定绿色社区的评价方法，为绿色社区"硬件"方面的进一步建设规划和"软件"方面的治理制度的建立和完善提供基础保障。

6.1　绿色社区评价指标体系

　　目前，有关绿色社区评价指标体系的研究尚不成熟，尚未形成一套科学合理的、可操作性强的指标体系。在进行绿色社区评价和规划时，用什么样的标准来衡量和评价绿色社区建设？达到什么样的指标才称得上建成了绿色社区？在绿色社区建设实践中如何运用这些指标体系来指导和推进绿色社区建设？这些都是绿色社区建设实践中首先必须面对和解决的重大课题。

6.1.1 建构绿色社区评价指标体系的目的与原则

6.1.1.1 目的

为了全面、科学地评价绿色社区的现状和绿色社区建设的未来导向，结合绿色社区的定义，即"以人、自然、社会和谐共生为主旨，以人的生活选择和消费过程为主导，以绿色发展为核心，以人与环境、人与社会、人与人的良性互动为基础，具备了一定要求的硬、软件设施，建立了完善的生态管理体系和公众参与机制，实现人与自然、人与社会、人与人、人与自身共存、共生、共荣、全面和谐统一的新型社区"，对绿色社区的各项指标进行定量测定和定性评价，对绿色社区的发展做出科学规划，实行准确定位、控制、调整与反馈，制定一套能科学厘定社区生态环境质量、绿色治理、绿色生活方式等各方面的指标体系，是极其重要和必要的工作。绿色社区的评价体系能够对绿色社区的建设进行指导和总结，也能够对建成的社区进行"绿色"评价，指导和鼓励其他绿色社区的建设，因此建立绿色社区的评价体系显得十分必要。

6.1.1.2 原则

绿色社区评价体系是对社区进行"绿色"评价的一个科学系统，要保证这种评价系统的科学性，建构绿色社区评价体系就必须遵循一定的原则。借鉴中外"绿色社区"评价指标体系的合理要素，本书认为，绿色社区评价体系的确立，应遵循以下主要原则：

（1）系统性与层次性相结合原则。制定绿色社区评价体系，既要反映绿色社区的系统特点，使每个指标都能独立地反映社区的某一方面或不同层面的水平，各个评价指标之间既相互独立又相互联系，共同组成一个有机整体。同时指标体系应根据系统结构分出层次，做到从宏观到微观，由抽象到具体，使指标体系结构清晰，便于应用。

（2）科学性与可操作性相结合原则。科学性是制订评价体系的最基本的原则。坚持科学性原则要求把握评价信息的客观性和全面性，在构建评价体系的过程中，要求指标体系的设置具有代表性，能够反映绿色社区的本质特征的同时，也能满足社区的建设要求。可操作性原则是设立评价体系过程中的核心部分，要根据建设管理的实际要求，通过一般的较简单的统计方法或查阅资料就能收集到确定指标值所需的数据，以便于实践。科学性与可操作性相结合的原则要求在设立评价指标体系过程中既要考虑理论上的完备性、科学性和正确性，又要避免指标的重叠和简单罗列，同时应具有可操作性。

（3）区域性原则。由于社区所在区域的现实状况互不相同，地方经济、文化的性质、功能、特点和发展水平在很大程度上决定了社区发展的方式和方向，且地区政策支持力度的不同，因此评价体系是动态的，具有地域性。在应用到不同地域时，应做出适当调整，以适应当地的传统、文化、经济发展状况。

（4）可持续发展原则。一方面，可持续发展原则要求绿色社区评价体系的指标设置必须着眼于对资源、环境的合理利用和保护，有利于社区的可持续发展；另一方面，随着经济的发展，城市进一步扩大，社区也将处于不断发展和变化的环境中，对于社区绿色化的评价必须能够指导社区随着经济技术发展保持较高的绿色效益。

（5）可达性与前瞻性相结合原则。可达性原则要求社区的绿色评价指标能够在现有的技术经济水平条件下很快实现，并取得一定的生态效益。同时，随着社会经济的发展进步，评价体系也应具有一定的预见性和超前性，能够为未来的发展方向起到一定的指导作用。

（6）定性与定量相结合原则。在评价体系的指标选取过程中，要以可量化指标为主，便于根据数据进行量化计算衡量，使得指标评价更有代表性和真实性。同时，不可忽略的是对于一些难以量化且意义重大的指标，只能进行定性描述，以便提供衡量指标的具体资料。

6.1.2 建构绿色社区评价指标体系的相关依据

绿色社区评价指标体系的建构不可能脱离我国经济社会发展的实际情况，需要借鉴我国关于推进生态文明建设和生态省、市、美丽乡村、"绿色社区"建设的系列指标、标准与评价规范。它们主要有：《生态县、生态市、生态省建设指标（修订稿）》（环发〔2007〕195 号）、《国家生态园林城市标准》（2004.9）、《环境空气质量标准》（GB 3095—2012）、《地表水环境质量标准》（GB 3838—2002）、《污水综合排放标准》（GB 8979—1996）、《声环境质量标准》（GB 3096—2008）、《民用建筑隔声设计规范》（GB 50118—2010）、《建筑采光标准》（GB 50033—2013）、《绿色建筑评价标准》（GB 50378—2014）、《城市用地分类与规划建设用地标准》

（GB 50137—2011）、《公园设计规范》（GJJ 48—1992）、《城市绿化规划建设指标的规定》（1993.11）、《普通高等学校基本办学条件指标（试行）》（教发〔2004〕2 号）、《城市绿色生态住宅小区环境性能评价体系》、《城市道路交通管理评价指标体系》（2005 年版）、《全国"绿色社区"创建指南（试行）》（2005）、《2005 年全国绿色社区表彰评估标准》（2005）、《全国文明城市测评体系》（2015—2017 年）。

6.1.3 建构绿色社区评价指标体系的流程

在构建绿色社区评价体系的过程中，首先需要明确需要评价的对象，即绿色社区。绿色社区评价的目标是对社区的绿色发展进行全周期全面的管理，保障社区绿色发展的同时注重居民感受，强调人文关怀。通过借鉴国内外成功案例，总结归纳绿色社区建设的内容，针对各个层面建立评价指标体系，选择合适的评价方法并对评价结果进行分析，具体流程如图 6-1 所示。

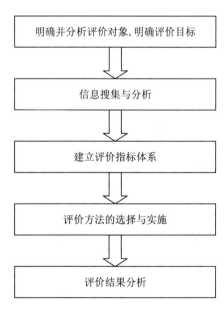

图 6-1 评价体系确定流程

6.1.4 绿色社区评价指标体系的建构

建构绿色社区指标体系的要义在于给出绿色社区评价的科学依据，而这一科学依据需要建立在科学的并被学界和实践者所广泛认可的模型基础之上。本书拟依据 DPSIR 模型，厘定绿色社区评价指标体系的基本结构和基本评价指标。

6.1.4.1 DPSIR 模型

1993 年经济合作与发展组织（OECD）提出了"驱动力—压力—状态—影响—响应"模型（DPSIR 模型），后为欧洲环境局（EEA）所发展。DPSIR 模型涵盖了经济、社会、资源、环境四大要素，不但表示出社会经济发展和人类行为对资源的消耗和对生态环境的影响，也表明人类行为及其最终导致的资源环境状态对社会的反馈。近年来，该模型已逐渐成为判断环境状态和环境问题因果关系的有效工具，具有综合性、系统性、整体性、灵活性等特点，能够解释经济与环境的因果关系并有效整合资源、发展、环境与人类健康，并在我国区域生态环境安全、环境管理能力分析、资源可持续利用、水土保持、农业可持续发展等方面得到了广泛应用。

在 DPSIR 模型中，"驱动力"（driving force）是指资源环境变化的潜在原因，主要指城市社会经济活动和产业的发展趋势；"压力"（pressure）是指人类活动对其紧邻的环境以及自然环境的影响，是环境的直接压力因子；"状态"（state）是指环境在上述压力下所处的状况，主要表现为区域的生态环境污染水平；"影响"（impact）是指系统所处的状态对人类健康和社会经济结构的影响；"响应"（response）过程表明人类在促进可持续发展进程中所采取的对策和制定的积极政策，如提高资源利用效率、减少污染、增加投资等措施。

根据 DPSIR 模型，同时结合国内"绿色社区"评价指标体系的设置原则、体系层级和主要内容，并参考国内外应用较为成熟的评价绿色或生态发展的指标体系，进行绿色社区的评价体系指标选择。DPSIR 模型在社区层面的应用表现如图 6-2 所示。

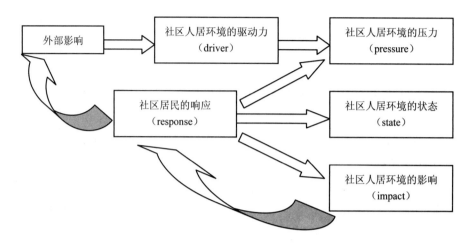

图 6-2　基于 DPSIR 模型的社区环境

DPSIR 模型应用于绿色社区评价体系的建构，其具体内容应包括：

驱动力：社区居民的生活追求、社区建筑的经济效益构成社区环境发展的驱动力，在指标选择中主要对应社区内的建筑层面，选择满足社区硬件建设的绿色低碳经济和环境效益要求的指标，如建筑节能达标率、节能节水器具的使用比例、"3R"材料的使用比例等。

压力：社区的环境条件和地理因素构成力部分，选样指标时主要包括社区的选址和环境建设方面，以社区规划和生态环境建设的相关内容为主。

状态：社区当前的各项环境值以及制度系统的建设应用情况是社区的现状，对应指标体系中的噪声指标、透水地面、管理系统等，与生态环境的部分有所交叉。

影响：社区的建设、运行管理和生活给社区居民带来各种影响，如居民的满意程度和感受等，以社区居民满意度归属感等指标为主要衡量指标。

响应：社区居民对绿色社区不能够满足自己需求的部分，寻求解决方式，就构成了居民对社区环境的响应，包括社区居民对社区活动的积极参与程度，对绿色出行的实践程度和对绿色购买、绿色居家的践行程度等。

6.1.4.2　评价指标体系结构及其指标体系内容

社区作为城市的微小单元，也是一个较为复杂的环境系统。绿色社区评价体系应具备通用性、概括性，能够以简单明确的方法，可量化获取的指标将社区的各项变化的规律和发展趋势表示出来，以此判断社区的"绿色"性建设和后期发展程度。

本书以已有的评价指标体系为借鉴，吸收已有的研究成果和实践经验，以 DPSIR 模型在社区层面的具体应用为基础，结合绿色社区的建设内容，通过专家访谈，最终将绿色社区评价指标体系结构分为目标层、准则层、方案层、指标层 4 个层次，将绿色社区评价内容厘定为 36 项评价指标，具体如表 6-1 所示。

表 6-1　绿色社区评价指标体系

目标层	准则层（一级指标）	方案层（二级指标）	指标层（三级指标）
绿色社区	绿色建设	绿色建筑	01.新建建筑节能达标率
			02.节水器具使用率
			03.节能灯具使用率
			04.可循环使用材料比率
		绿色能源	05.可再生能源利用率
			06.社区绿色照明比例
			07.能源分类分户计量率
		绿色交通	08.人车分流比例
			09.公共站点步行距离
		社区规划	10.选址合理性
			11.容积率
			12.社区配套完整性
			13.人均居住用地面积
			14.公共配套设施可达率
		生态环境	15.噪声环境达标率
			16.绿化覆盖率
			17.垃圾无害化分类收集率
			18.非传统水源利用率
			19.透水地面面积比
			20.绿化灌溉率
	绿色管理	精细管理	21.管理机制健全性
			22.能耗数据可测量性
			23.生态环境管理体系认证率
			24.低碳奖励性
			25.生态环境信息公开性
		居民满意	26.社区安全性
			27.绿色社区建设满意度
			28.居民的社区归属感

目标层	准则层（一级指标）	方案层（二级指标）	指标层（三级指标）
绿色社区	绿色生活	生态环境宣传与公众参与	29.绿色社区知晓率
			30.绿色宣传教育普及率
			31.绿色社区建设参与度
			32.社区文化绿色性
			33.绿色购买
			34.社区绿色交易服务平台
		绿色出行	35.社区私家车拥有率
			36.社区公交出行率

从表 6-1 中可以看出：绿色社区评价指标体系结构可分为目标层、准则层、方案层、指标层 4 个层次。其中：目标层是整个绿色社区追求的目标，即达到社区整体层面的绿色性。准则层（一级指标）用以综合表达绿色社区的总体能力、状况和发展趋势。根据绿色社区建设内容，将目标层主要分为绿色建设、绿色管理、绿色生活 3 个层次。方案层（二级指标）是准则层的细分和分化，评估绿色社区的各个层面，根据绿色社区的各个层面进行细分。其中，绿色建设分为绿色建筑、能源、交通、规划和生态环境 5 个方面，绿色管理分为居民满意和精细管理两个层面，绿色生活分为生态环境宣传与公众参与和绿色出行两个分项指标。指标层（三级指标）设置应选择可测量、可比较、可操作的指标度量准则层的强度、数量和频度等，是评价体系最基础的要求。

6.1.4.3　评价指标释义

（1）新建建筑节能达标率。绿色建筑最终的目的是要实现与自然和谐共生，建筑行为应尊重和顺应自然，绿色建筑应最大限度地减少对自然生态环境的扰动和对资源的耗费，遵循健康、简约、高效的设计理念。因此要求绿色社区严格采用绿色建筑建设标准，做到绿色节能。2006 年建设部发布《绿色建筑评价标准》，对绿色建筑的节能评价技术和标准做出了具体的规定。新建建筑节能达标率计算公式如下：

$$新建建筑节能达标率 = \frac{新建建筑符合国家建筑节能设计规范的建筑面积}{总建筑面积} \times 100\%$$

（2）节水器具使用率。对于住宅用户用水来说，节水器具可分为节水便器、节水龙头、废水回收装置和恒温混水阀。社区内使用节水器具居民越多，表示节水节能率越高。节水器具使用率的计算公式如下：

$$节水器具使用率=\frac{节水器具使用量}{用水器具使用总量}\times100\%$$

（3）节能灯具使用率。社区市政设施和居民家庭应尽量使用节能灯，从而降低社区生活用电能耗。节能灯具使用率的计算公式如下：

$$节能灯具使用率=\frac{节能灯具使用量}{灯具使用总量}\times100\%$$

（4）可循环利用材料比例。建筑在建造和使用过程中直接消耗的能源约占全社会总能耗的 30%，使用的建材生产能耗占 16.7%。在房屋建筑工程中建筑物成本的 2/3 属于材料费；每年建筑工程的材料消耗量占全国总消耗量的比例大约为：钢材占 25%、木材占 40%、水泥占 70%。充分使用可循环材料可以减少生产加工新材料带来的消耗和污染，对建筑可持续发展有重要意义。可循环材料包括两部分内容，一是用于建筑的材料本身就是可循环材料，二是建筑拆除时能够被再循环利用的材料，如金属材料、锅合金型材、木材等。设计过程中应考虑选用具有可再循环使用性能的建筑材料，实际施工中使用再循环材料，并考虑再循环使用材料的安全问题和环境污染问题。可循环利用材料比例的计算公式如下：

$$可循环利用材料比例=\frac{可循环利用材料使用重量}{所用建筑材料总重量}\times100\%$$

（5）可再生能源利用率。煤在燃烧中产生的污染物在自然环境中不能得到完全净化，将造成环境污染，如产生的 CO_2 会加重温室效应、破坏臭氧层等。将可再生能源替代传统能源有利于环境净化，避免温室气体的产生。可再生能源主要包括太阳能、风能、生物质能、地热能等。促进高品质能源的使用，禁止使用非清洁煤、低质燃油等高污染燃料，减少对环境的影响。可再生能源利用率的计算公式如下：

$$可再生能源利用率=\frac{可再生能源利用量}{所有能源利用量}\times100\%$$

（6）社区绿色照明比例。社区绿色照明是指采用太阳能光电技术、风光互补技术来提供市政照明所需要的电力资源以及采用 LED 灯管的市政照明系统。LED 被公认为 21 世纪"绿色照明"，具有高节能、寿命长、多变幻、利环保、高新尖等特点。LED 通用照明成为最具市场潜力的行业热点。如果目前 1/3 的白炽灯被 LED 灯所取代，每年可为国家节省用电 1 000 亿 kW·h，相当于三峡工程一年的发电量。2007 年年底，财政部、国家发展改革委联合发布《高效照明产品推广财政补贴资金管理暂行办法》，确保实现"十一五"期间通过财政补贴方式全面推广高效节能照明产品，更表明对绿色照明的支持。社区绿色照明比例的计算公式如下：

$$社区绿色照明比例=\frac{采用绿色照明技术实现的社区照明面积}{社区照明总面积}\times100\%$$

（7）能源分类分户计量率。住宅和社区公共场所内安装计量设施，实现水、电、燃气实现分户、分类计量与收费，便于时刻监测和统计数据。

（8）人车分流比例。在小区入口道路做人车分流，小区内实现机动车和行人的分流。目前住宅小区在人车分流的实践中，有部分人车分流和完全人车分流两种形式。大部分的小区采用的是部分人车分流，即一定规模上的人车分流，这类人车分流车辆可以进入小区内部，在组团内进入地下或半地下车库，然后通过地下车库的电梯可以直接入户；完全人车分流的方式通常是在小区的主入口设置地下车库的入口，车辆从主入口直接进入地下车库，进入所在组团、单元，然后通过地下车库进入单元电梯，对地面居民的活动基本不产生影响。

（9）公共站点步行距离。选址和住区出入口的设置方便居民充分利用公共交通网络，住区出入口到达公共交通站点应适宜，建议一般不超过 500 m。一方面方便居民出行，另一方面适宜的距离也是对居民健康出行的鼓励和倡导。

（10）选址合理性。社区选址关系到社区建筑设施的用能、社区交通等问题。建设绿色社区时，应首先了解土地的使用要求，鉴定土地性质。若选在已使用的场地上或是邻近场地开发，场地内不得有各种危险源和污染源；重视共用已有市政设施和交通节点或衔接；合理选用废弃场地和被污染的场地。社区建设场地不破坏当地文物、自然水系、湿地、基本农田、森林和其他保护区。选择无洪涝灾害、泥石流及含氡土壤威胁的场地，建筑场地安全范围内无电磁辐射危害和火、爆、有毒物质等危险源。

（11）容积率。保证土地的开发强度，节约建设用地。同时建议适当混合土地使用，形成复合性、多元化的社区功能。容积率一般要求如下：6 层以下多层住宅为 0.8～1.2，11 层小高层住宅为 1.5～2.0，18 层高层住宅为 1.8～2.5，19 层以上住宅为 2.4～4.5。容积率的计算公式如下：

$$综合容积率=\frac{计算容积率建设面积}{规划建设用地面积}\times100\%$$

（12）社区配套完善性。社区除了居民住宅以外，还需要各种配套设施，比如商业、教育、体育、卫生、交通、应急设施等。这些设施的位置、面积等各种指标需要合理规划，以便实现功能效益的最大化。

（13）人均居住用地面积。人均居住用地面积=居住区用地面积+常住居民总人数。人均居住用地面积过低，表明社区居民生活空间过于拥挤，超负荷地使用社区能量和资源，必然造成资源的浪费和过度消耗。因此，保持合适的人均居住用地面积，使社区整体和居民个人达到双赢的效果。人均居住用地指标：低层（1～3层）不高于 43 m²，多层（4～6层）不高于 28 m²，中高层（7～9层）不高于 24 m²，高层（＞10层）不高于 15 m²，人均居住用地控制指标即每人平均占有居住区用地面积的控制指标，不同历史时期城市居住区指标有差异。

（14）公共配套设施可达率。幼儿园、小学、社区卫生服务中心、文化活动站、社区商业、邮政所、银行营业点、社区服务中心、体育健身设施等社区基础性公共服务设施在社区的服务半径。社区设计时应将公共配套设施考虑进去，争取步行在15分钟内可以达到主要公共配套设施。

（15）噪声环境达标率。噪声作为一种环境公害，是现代化派生出来的"现代病"，已被列为世界第三大公害，我国把它定为环境污染四害（空气污染、水污染、垃圾、噪声）之一，被称为"看不见的杀手"。世界卫生组织认为，噪声不同程度地影响人的精神状态，噪声严重影响人们的生活质量，在一定意义上，是一个影响健康的问题。噪声给人们带来的是嘈杂、喧沸和不宁。噪声是人为造成的干扰人们休息、学习和工作的声音，也是人们不需要或不想听到的声音，它严重影响居民的正常生活和工作，威胁着人们的身体健康和精神状态。噪声环境达标率的计算公式如下：

$$噪声环境达标率=\frac{社区内环境噪声达标区域面积}{社区规划总面积}×100\%$$

（16）绿化覆盖率。春秋风沙大，扬尘天气较多，造成这种情况的根源是绿色植被面积的不足。不仅要在社区内做到黄土不露天，而且要在整个城区开展植树造林、种花种草活动，消灭裸露土地，能绿化的地方全部绿化，实现黄土不露天。小区内空地有限，应重点发展立体绿化，如屋顶绿化、阳台绿化、围墙绿化等，院墙及楼前栽种爬山虎一类的植物，既绿化空间，美化环境，又遮挡阳光，降低夏日室内温度，还具有吸附大气污染物、消减噪声等环保功能。提倡多种树，多采用本地草种和节约用水的灌溉方式。充分利用各种间隙空间栽种绿化植被，如建筑物间隙、道路隔离带、建筑物屋顶等，均可以根据空间环境的特征种植适宜的植物，增大绿化面积。提高人均公共绿地面积，营造宜人的社区自然环境，为居民提供充足的公共绿地嬉戏空间。绿色社区规划绿化覆盖率应不低于30%。绿化覆盖率的计算公式如下：

$$绿化覆盖率 = \frac{社区内绿化植物的垂直投影面积 + 草本的覆盖面积}{社区总用地面积} \times 100\%$$

（17）垃圾无害化分类收集率。倡导垃圾分类，完善相关的制度和设施建设，营造绿色环保生活的理念，创造人与自然和谐相处的局面。家庭生活垃圾一般可分为废旧金属、废纸、废玻璃、废塑料、有机垃圾（菜叶、骨头、剩饭、剩菜等）、废电池及其他。传统的垃圾随意堆放等处置方法不仅侵占耕地、污染大气和地下水，而且造成资源的巨大浪费。垃圾混置为污染，分类为资源。将生活垃圾按照其对环境的危害程度以及可回收利用的方式进行分类收集，可以加快垃圾处理进程，节约垃圾前处理的人工和技术成本。垃圾分类可以将可再生利用的资源分拣出来，可以最大限度地减少垃圾清运、处理量，可以最大限度地减少有毒有害垃圾的危害性。当今国际上先进的垃圾处理原则是减量化、资源化、无害化，而垃圾分类回收是实现这3个原则的关键环节。垃圾无害化分类收集率的计算公式如下：

$$生活垃圾无害化分类收集率 = \frac{分类收集的垃圾量}{垃圾产生总量} \times 100\%$$

（18）非传统水源利用率。非传统水源是指不用于传统地表水供水和地下水供水的水资源，包括再生水、雨水、海水淡化等。非传统水源的利用充分体现了资源循环利用、节约利用的原则，有利于缓解本地区水资源短缺状况，实现水资源的高效利用。我国拥有世界上22%的人口，淡水占有量仅为8%。因此，节约用水是我们每个公民应该做到的。在日常生活中，节约用水不仅要身体力行，减少用水量，重复用水，还要积极主动地使用节水型用具，避免无谓的浪费。可使用陶瓷芯的水龙头，它可开关20万次不损坏，而且可灵敏控制水流量，可以比普通水龙头减少25%～35%的用水量；选用节水型洗衣机；使用节水型马桶（4～9 L）等。要节约用水，就要最大限度地采用节水型工具。要节约用水，还要做到一水多用。比如，准备一个较大的桶或盆，把洗菜、淘米的水攒起来，用来浇花、供家畜饮用；使用洗衣机时，把漂洗、脱水环节中排放出的水存起来冲厕所、洗墩布等；洗脸的水用来洗脚，然后冲厕所；洗淋浴时，站在大盆中，积攒下来的水可以冲厕所、洗墩布等；积攒雨水用于浇花、冲厕等。新建小区要实行污水与雨水分流排放，并积极争取小区（或楼宇）能进行污水处理和二次水利用。雨水积蓄可采取渗透砖、水池等多种方式。非传统水源利用率的计算公式如下：

$$非传统水源利用率 = \frac{非传统水源利用总量}{总用水量} \times 100\%$$

为保证水资源不受污染，应使用绿色洗涤剂。普通洗衣粉会引起水体富营养化，因此应使用无磷洗衣粉、皂粉、洗涤液等。为了健康及环保，应优先购买使用无磷洗涤剂。采用雨水或中水作为冲厕、绿化灌溉、洗车、道路用水时，其水质应满足《污水再生利用工程设计规范》（GB 50335—2002）中规定的城镇杂用水水质控制指标。采用雨水、中水作为景观用水时，其水质应满足《污水再生利用工程设计规范》（GB 50335—2002）中规定的景观环境用水的水质控制指标。

（19）透水地面面积比。透水地面是指社区内各种人工铺设的透水性地面，如多孔的嵌草砖、碎石地面等。自然裸露地、公共绿地、绿化地面和面积≥40%的镂空铺地（如植草砖）也算作透水地面。社区非机动车道路、地面停车场和其他硬质铺地采用透水地面，并利用园林绿化提供遮阳。为增加场地雨水与地下水涵养，改善生态环境及强化天然降水的地下渗透能力，补充地下水量，减少因地下水位下降造成的地面下陷；减轻排水系统负荷，以及减少雨水的尖峰径流量，改善排水状况，提出了透水面积的相关指标。透水地面面积比的计算公式如下：

$$透水地面面积比 = \frac{透水地面面积}{室外地面面积} \times 100\%$$

（20）绿化灌溉率。绿化灌溉采用喷灌、微灌等高效节水灌溉方式。喷灌是利用喷头等专用设备把有压水喷洒到空中，形成水滴落到地喷灌面和作物表面的灌水方法；微灌，是按照作物需求，通过管道系统与安装在末级管道上的灌水器，将水和作物生长所需的养分以较小的流量，均匀、准确地直接输送到作物根部附近土壤的一种灌水方法。二者都是节能高效的灌溉方式。

（21）管理机制健全性。绿色社区应建立系统、科学的节能、节水、节材、定期维护修理设备与绿化管理制度。以社区居民管理委员会信息资源开发利用与共享为核心，以关键业务应用系统建设为重点，以网络与信息安全体系建设为保障，发展无线电子政务及综合管理平台，加强基础数据资源、政务信息资源建设，推动部门间信息共享和业务协同。公布社区实时统计数据，实现精确精细、敏捷高效、全时段、全方位覆盖的低碳社区管理模式，使得公众投诉量下降、公众满意度上升。

（22）能耗数据可测量性。绿色社区应将社区监测系统纳入城市监测系统，实现同步实时连接，时刻监测社区信息。根据该项指标要求，应建立社区内能源监控信息系统，以实现对水、电、气、热分楼分户计量，公共建筑分项计量，实现对社区内能源消费的实时管理，达到能源管理的信息化、自动化，避免能源、资源的浪费，实时反馈建筑设备运行状态、能耗参数，实现节能低碳。

（23）生态环境管理体系认证率。物业管理部门应通过 ISO 14001 环境管理体系认证。ISO 14001 是环境管理标准，包括环境管理体系、环境审核、环境标志、全寿命周期分析等内容，旨在指导各类组织取得表现正确的环境行为。物业管理部门通过 ISO 14001 环境管理体系认证，是提高环境管理水平的需要，应在此基础上逐步建立完善的管理监督机制，确保生态安全和环境健康。

（24）低碳奖励性。建立相关奖惩制度，对耗能量低的用户进行适当奖励，对耗能大户进行相应惩罚。为了方便社区管理，提高居民低碳生活的积极性，需要建立相关奖惩制度。绿色社区每月应进行社区用户节能评选活动，对耗能量低的用户进行适当奖励，对耗能大户进行相应惩罚。同时，可建立社区一卡通系统，用于水电费的缴纳、垃圾分类处理积分等，积分可用于社区内超市购物。以这样的制度推动绿色社区建设，使节能环保理念深入人心。

（25）环境信息公开性。将创建计划、实施方案、环境活动信息等以居民代表参加会议或张贴公告等方式征求意见或告之居民；社区制定的环境保护有关制度进行公布；社区内有固定的环境问题投诉或建议等渠道，如接到环境问题投诉，要协调解决并及时反馈结果。

（26）社区安全性。社区安全包括社区封闭式管理、治安巡逻队伍、刑事案件发案率、治安工作制度、居民关注及参与安保、治安满意率、社区民警工作满意率等。建立社区智能安防，以智能安全防范技术为先导，以人力防范为基础，以技术防范和实体防范为手段，建立一种具有探测、延迟、反映有序结合的安全防范服务保障体系，保障社区居民财物安全。

（27）绿色社区建设满意度。社区居民对居住条件、社区绿化、垃圾清运、物业管理、精神文化生活等内容的综合评分，并进行意见反馈。通过这样一种方式，一方面对社区建设和管理进行评价，帮助管理者了解自身工作情况，另一方面便于发现社区建设的不足之处，督促管理者进行改进，共建"社区为人人，人人为社区"的和谐局面。

（28）居民的社区归属感。居民的社区归属感是指社区居民对本社区有认同、喜爱和依恋、参与的心理感觉和行为的人数占总人数的比例。社区是所有居民共同的大家园，作为一个整体，应该为居民提供最方便、最温馨的生活环境。居民的社区归属感是对社区的综合评价。绿色社区在建设的过程中，不仅要强调绿色、低碳、环保、生态的建设要求，同时应考虑社区作为居民家园的社会属性，达到"双赢"的效果。

（29）绿色社区知晓率。绿色社区知晓率是指居民对社区开展绿色社区创建活动的了解程度。社区开展的相关活动应该具有普及性，居民的参与和了解也是绿色社区建设维护的一个重要方面。

（30）绿色宣传教育普及率。社区开展的绿色宣传教育活动必须具有一定的普及率。定期开展社区内的绿色宣教活动，活动次数一般每年不小于 3 次。

（31）绿色社区建设参与度。建立社区绿色志愿者队伍，在社区内征集各个年龄段的绿色社区志愿者，自觉主动地进行社区维护，并积极参与监督和宣传教育活动，发动社区居民集体参与到家园的维护和建设中来。

（32）社区文化绿色性。社区要有社区居民开放阅览绿色社区建设图书的场所，绿色社区建设类图书、报刊及音像资料种类不低于 30 种，设有固定的宣传橱窗、宣传栏及环境警示牌宣传环境信息。

（33）绿色购买。社区内居民的消费目标也是绿色社区的评价指标之一。社区商业场所内提供经过绿色认证的食品或电器，家庭内有节能、环保标志产品、无磷洗涤产品，选用绿色和有机食品。倡导社区居民购买带有相关标志的产品，以购买率作为评价指标进行量化评价。近年来，一种被国家权威部门确认为安全、优质、营养丰富的食品出现在市场上，并越来越受到广大消费者青睐，这就是绿色食品。绿色食品从生产原料、生产环境到生产过程，都必须符合生态环境标准和特定规程，产品涉及谷物、蔬菜、果品、肉类、饮料、酒类、乳制品、水产品等门类。

绿色食品分为两级：A 级绿色食品产地的生态环境质量必须符合规定标准，生产过程中允许限量使用限定的化学合成物质，要按特定的生产操作规程生产、加工，产品质量及包装经检测、检查，须符合特定标准。AA 级绿色食品，等同于有机食品，在 A 级绿色食品的基础上，生产过程中不得使用任何有害化学合成物质。

绿色食品经中国绿色食品发展中心认证后，在包装上印制绿色食品标志，以便于消费者识别。绿色食品标志图形由三部分构成：上方的太阳、下方的叶片和中间的花蕾。标志图形为正圆形，意为保护、安全。整个图形描绘了一幅明媚阳光照耀下的和谐生机，告诉人们绿色食品是出自纯净、良好生态环境的安全、无污染食品，能给人们带来蓬勃的生命力。绿色食品标志还提醒人们要保护环境，通过改善人与环境的关系，创造自然界新的和谐。A级绿色食品为绿底白字，AA级绿色食品为白底绿字，购买时一定要认清这个标志。

与绿色食品相对的是公害食品，比如含防腐剂的方便、快餐食品，含有过多色素和香料的饮料，依靠化学肥料、杀虫剂、果蔬膨大剂等生产的蔬菜、瓜果，含有激素的肉类等。

绿色食品是指安全健康、无污染或低污染、低能耗、低噪声、生产过程符合环保要求，废弃后可回收利用或不污染环境的产品。为便于消费者识别，很多国家和地区都为这些产品设计了特殊的标志，即环境标志。1993年8月，中国也为经过认定的绿色产品确定了环境标志，它是由青山、绿水、太阳和10个环组成，其中心结构表示人类赖以生存的自然环境；外围的10个环，环环相扣，表示公众参与，共同保护环境。

（34）社区绿色交易服务平台。形成二手物品的交易平台，方便社区居民相互间的废物再利用。每个家庭都有各式各样闲置不用的物品，如穿旧的衣服、淘汰的家具、过时的电器、多年积攒下来的玩具、书籍等。对于这些旧物，每个家庭成员似乎都很有感情，舍不得像垃圾一样丢弃掉，但是它们越积越多，带来诸多不便，而且长期闲置也是一种浪费。使家庭旧物流动起来，首先应该改变购物观念，在保证物品安全、卫生的前提下，应当放心使用和购买旧物。社区居委会可利用休息日组织在特定的地点出售、选购旧物，或以物易物，既经济实惠又节约资源，还给生活带来不少便利和乐趣。

（35）社区私家车拥有率。私家车数量的急剧增长被认为是二氧化碳排放量上升的主要原因之一，社区私家车拥有率指标是社区绿色性评价的主要指标。绿色社区应鼓励社区居民每人只能购买1辆车。社区私家车拥有率的计算公式如下：

$$社区私家车拥有率 = \frac{社区拥有私家车的人数}{社区总人数} \times 100\%$$

（36）社区公交出行率。绿色出行是节约能源、提高效率、减少污染、益于健康的出行方式，包括乘坐公交车、骑自行车和步行等。社区公交出行率=选择乘坐公交出行人数÷出行总人数。鼓励社区居民采用低碳环保的公共交通工具，减少私家车的使用。社区应与城市绿色交通体系融为一体。倡导居民出行选择公共交通等低污染交通工具，能够减少空气污染与酸雨，减少交通噪声，减少街道尘土与污垢，改善环境质量，降低交通能耗，缓解能源短缺。

6.2 绿色社区的评价

评价是评价者对评价对象属性与评价者需求之间价值关系的客观反映。绿色社区的评价是一个系统工程，它涉及评价目的的明了、评价方法的合理选择、评价指标指数权重及基准值设置。绿色社区评价体系的评价主体可以是社区管理人员，也可以是政府机构或社会组织，还可以是专业人士，评价的对象是社区。依据上文设定的绿色社区评价指标体系，我们将绿色社区评价的内容定位于社区的绿色建设、绿色管理以及绿色生活 3 个主要方面。

6.2.1 绿色社区评价的目的

绿色社区评价体系应具备通用性、概括性，能够以简单明确的方法、可量化获取的指标将社区的各项变化的规律和发展趋势表示出来，以此判断社区的"绿色"性建设和后期发展程度，因此评价体系的设立具有以下目的：

（1）信息收集与监督。相关信息的收集整理是评价体系得以正常运作的前提条件。绿色社区评价体系的构建，能够定时督促社区相关管理人员收集社区绿色评价所需的数据和信息，作为第一手资料的这些信息数据，能够帮助完善绿色社区的建设，同时也能够促进评价体系的完善和改进。

（2）描述与指导。绿色社区评价体系既是对社区绿色建设情况的评价，也是对社区各项建设指标的具体描述，能够表征出某一具体时间段内社区相关工作开展的情况，居民对社区生活的满意程度等，以便从中找出薄弱环节，总结经验，做出相应对策，对绿色社区建设工作的进一步开展具有指导意义。

（3）评价。绿色社区评价体系的设立，最主要的作用是评价绿色社区的建设情况，根据相关科学标准，多方面、多角度地判断社区当前的发展状况与绿色发展要求的差距，在整体上对其绿色发展做出正确客观评价。

（4）预测。通过评价体系在不同时间段对社区建设发展情况的评价，不仅是对过去社区发展情况的客观评价，也能够对未来的变化情况和发展趋势做出预测，对评价体系中某项指标数值与发展情况相悖的情况，能够指导管理者采取相应措施，避免社区的绿色发展出现问题。

6.2.2 绿色社区评价方法的确定

科学合理的评价方法是进行准确评价的基础,绿色社区的评价受到多种因素影响,需全面考虑多个有关因素,依据多个指标进行综合评价。其过程包括:选定评价指标、计算指标权重、确定指标等级、选择评价方法建立综合评价模型、进行计算、分析评价结果。根据评价手段不同,有定量和定性两种类型。一些常见的评价方法如表 6-2 所示。

表 6-2 常用评价方法汇总与比较

方法类别	方法名称	方法描述	优点	缺点	适用对象
定性评价方法	专家会议法	组织专家进行面对面的交流,通过讨论形成评价结果	操作简单,可利用专家知识,结论易于使用	主观性较强,多人评价时较难得出共同结论	战略层次决策分析对象,量化困难的大系统,简单小系统
	德尔菲法	征询专家,用背靠背的方式评价			
主成分分析法		相关变量之间存在起支配作用的共同因素,通过对原始变量相关矩阵内部结构研究,找出影响某个经济过程的几个不相关的综合指标来线性表示原变量	全面性、可比性、客观合理性	因子符合符号交替使得函数意义不明确,需要大量统计数据,没有反映客观发展水平	对评价对象进行分类较困难
层次分析法		针对多层次结构系,用相对量的比较,确定多个判断矩阵,取其特征根所对应的特征向量作为权重,最后综合出总权重	可靠度较高,误差小	评价对象因素不能太多	成本效益决策、资源分配次序、冲突分析等
模糊综合评价		该综合评价法根据模糊数学的隶属度理论把定性评价转化为定量评价,即用模糊数学对受到多种因素制约的事物或对象做出一个总体的评价	具有结果清晰,系统性强的特点,能较好地解决模糊的、难以量化的问题	不能解决评价指标间相关造成的信息重复问题,隶属函数、模糊相关矩阵等的确定方法有待进一步研究	消费者偏好识别、决策中的专家系统、证券投资分析、银行项目贷款对象识别等,拥有广泛的应用前景

在确定评价体系中各指标权重时，一般有客观赋权法和主观赋权法两种，主观的评价方法通常较多受到人为因素的影响，而客观方法容易忽略各个指标的重要程度，不能反映实际问题。因此在实际操作中，需要将二者结合使用，以进行最佳评价。

方法选择。由于绿色社区是以绿色、低碳、环保、生态建设为基础，以运行管理为保障，以绿色生活为核心，融物质实体、技术运用和文化氛围为一体的复杂系统，子系统之间交互作用，使得绿色社区的评价具有不确定性、层次性以及模糊性的特点，层次分析法可以将不同层次系统分别和互相进行分析，对这种不确定性和模糊性进行很好的分析和处理，对定性定量指标都能够进行量化的统计分析。运用层次分析法不仅适用于存在不确定性和主观信息的情况，还允许以合乎逻辑的方式运用经验、洞察力和直觉，它能够更加全面且方便地衡量指标的相对重要性。因此，本书选择层次分析法来进行分析。

6.2.3　层次分析法

层次分析法（analytic hierarchy process，AHP）是美国匹茨堡大学教授、运筹学家萨蒂于 20 世纪 70 年代初在为美国国防部研究"根据各个工业部门对国家福利的贡献大小而进行电力分配课题"时应用网络系统理论和多目标综合评价方法而提出的一种层次权重决策分析方法。

6.2.3.1　原理及步骤

层次分析法是将与决策总是有关的元素分解成目标、准则、方案等层次，在此基础之上进行定性和定量分析的决策方法。运用 AHP 进行系统分析时，应首先把复杂问题看作一个系统，根据问题归属层次等将大系统分解为各个部分，然后将各个部分进行细分，分解成具体指标因素，最后所有的组成因素按层级关系形成递阶层次结构。接着是构造判断矩阵，通过两两比较的方式确定各因素相对重要性次序权值，层层排序，最后综合决策者的判断对排序结果进行分析，用于决策的依据。

本书应用层次分析法软件 yaahp7.0 进行数据的分析和处理，具体步骤如下：

（1）明确需要解决的问题。对所分析的问题有清晰的认识，确定研究范围。

（2）递阶层次结构的建立。根据对目标问题的分析，对总目标进行分解，分解后的各组成部分被称为元素。各个元素又按照具有的共性分为若干组，进而形成若干层次。在整个系统中同一层次的指标元素作为准则，既能够受它上一层次元素的支配，又可以对下一层指标起到支配影响作用，形成递阶层次结构。

（3）依据递阶层次结构来构造判断矩阵。构造判断矩阵的方法是：每一个具有向下隶属关系的元素（被称作准则）作为判断矩阵的第一个元素（位于左上角），隶属于它的各个元素依次排列在其后的第一行和第一列。构造判断矩阵工作中重要的是填写判断矩阵。填写判断矩阵大多数人采取的方法是：向填写人（专家）反复询问针对判断矩阵的准则，其中两个元素两两比较哪个重要，重要多少，对重要性程度按 1～9 赋值。

重要性标度含义见表 6-3。

表 6-3　重要性标度含义

重要性标度	含义
1	表示两个元素相比，具有同等重要性
3	表示两个元素相比，前者比后者稍重要
5	表示两个元素相比，前者比后者明显重要
7	表示两个元素相比，前者比后者强烈重要
9	表示两个元素相比，前者比后者极端重要
2、4、6、8	表示上述判断的中间值
倒数	若元素 i 与元素 j 的重要性之比为 a_{ij}，则元素 j 与元素 i 的重要性之比为 $a_{ji}=1/a_{ij}$

（4）一致性检验。设判断矩阵 A 的最大特征根为 λ_{max}，将矩阵 A 的各列向量归一化，得同一层次相应原色对于上一层次某一因素相对重要性的权重向量 W，近似有：

$$\lambda_{max} = \frac{1}{n}\sum_{i=1}^{n}\frac{(AW)_i}{W_i}$$

其中，$(AW)_i$ 为 AW 的第 i 个分向量。定义随机一致性比值为：

$$CR = \frac{C_i}{R_i}$$

其中，R_i 为平均随机一致性指标，数值如表 6-4 所示。

表 6-4　随机一致性指标

n	2	3	4	5	6	7	8	9	10	11
R_i	0	0.58	0.9	1.12	1.24	1.32	1.41	1.45	1.49	1.51

一般而言，CR 越小，判断矩阵的一致性越好，通常 CR＜0.1 时，可认为判断矩阵的不一致程度在允许的范围之内，否则需要重新考虑模型或重新调整判断矩阵的元素取值，使其通过一致性检验。

6.2.3.2 评价指标指数权重及基准值设置

本书以层次分析法为基础，选择 5 名相关行业和专业的专家人士，对上文中的绿色社区指标进行评价，给出相对重要性，据此形成比较矩阵，运用层次分析法软件 yaahp7.0 进行分析处理和调整，所得矩阵的一致性比率均小于 0.1，通过一致性检验，软件自动计算评价指标的指数权重。同时，根据国家相关规定、行业规范，进行评价指标基准值设置。确定评价基准位的依据是：凡在国家或行业有关政策、标准、技术规章等文件中对该项指标已存明确要求的数值，选用国家或行业要求的数值；凡国家或行业对该项指标尚无明确要求值的，结合专家讨论结果，选用国内城市社区实际达到的中等以上水平的指标值。通过厘定，绿色社区评价指标的权重结果及基准值如表 6-5 所示。

表 6-5 绿色社区评价指标的权重和基准值体系

目标层	准则层	权重	方案层	相对权重（准则层）	指标层	指标性质	相对权重（准则层）	评价基准值
绿色社区	绿色建设	0.632 7	绿色建筑	0.452 5	新建建筑节能达标率	+定量	0.521 9	≥100%
					节水器具使用率	+定量	0.221 9	≥100%
					节能灯具使用率	+定量	0.128 1	≥100%
					可循环使用材料比率	+定量	0.128 1	≥10%
			绿色能源	0.226 2	可再生能源利用率	+定量	0.534 6	≥5%
					社区绿色照明比例	+定量	0.164 1	≥5%
					能源分类分户计量率	+定量	0.301 3	≥100%
			绿色交通	0.204 5	人车分流比例	+定量	0.5	≥100%
					公共站点步行距离	−定量	0.5	≤500 m
			社区规划	0.047	选址合理性	+定性	0.184 7	
					容积率	±定量	0.343 6	①
					社区配套完善性	+定性	0.207 6	
					人均居住用地面积	±定量	0.136 5	②
					公共配套设施可达率	−定量	0.127 6	≤10min

目标层	准则层	权重	方案层	相对权重（准则层）	指标层	指标性质	相对权重（准则层）	评价基准值
绿色社区	绿色建设	0.632 7	生态环境	0.069 8	噪声环境达标率	+定量	0.145 7	≥100%
					绿化覆盖率	+定量	0.197 3	≥30%
					垃圾无害化分类收集率	+定量	0.145 7	≥100%
					非传统水源利用率	+定量	0.164 8	③
					透水地面面积比	+定量	0.236 7	≥45%
					绿化灌溉率	+定量	0.109 8	≥100%
	绿色管理	0.174 9	精细管理	0.875	管理机制健全性	+定性	0.187 8	≥100%
					能耗数据可测量性	+定性	0.287 9	
					生态环境管理体系认证率	+定性	0.225 4	
					低碳奖励性	+定性	0.139 6	
					生态环境信息公开性	+定性	0.159 3	
			居民满意	0.125	社区安全性	+定性	0.444 4	≥100%
					绿色社区建设满意度	+定性	0.444 4	
					居民的社区归属感	+定性	0.111 2	
	绿色生活	0.192 4	生态环境宣传与公众参与	0.875	绿色社区知晓率	+定量	0.285 1	≥100%
					绿色宣传教育普及率	+定量	0.228	≥3次/a
					绿色社区建设参与度	+定性	0.162 7	—
					社区文化绿色性	+定性	0.135 4	—
					绿色购买	+定性	0.105 8	—
					社区绿色交易服务平台	+定性	0.083	—
			绿色出行	0.125	社区私家车拥有率	−定性	0.5	≤13%
					社区公交出行率	+定性	0.5	≥40%

注：① 6 层以下多层住宅为 0.8～1.2；11 层小高层住宅为 1.5～2.0；18 层高层住宅为 1.8～2.5；19 层以上住宅为 2.4～4.5。

② 低层（1～3 层）不高于 43 m^2；多层（4～6 层）层不高于 28 m^2；中高层（7～9 层）不高于 24 m^2；高层（>10 层）不高于 15 m^2。

③ 住宅建筑≥10%；商场类公共建筑≥20%。

上述权重结果从一定程度上反映出不同领域不同专业的专家对绿色社区各项子系统相对重要性的认知和判断。从表 6-5 的权重体系看，准则层层次，绿色建设所占比重最高，反映出物质和硬件环境条件是绿色社区最重要的构件；运行管理和绿色生活所占比重相当，且绿色生活的比重略重一些，表现出在当前绿色文化风尚影响下，相比于社区现代先进的管理系统，绿色生活方式更为受到认可，也是实现传统社区向绿色社区转变的现实途径选择。

6.2.3.3 绿色社区评价模型和分级

根据指标权重，本书采用多层次综合评价法建立评价模型，通过多次多层次加权求和进行计算，具体计算表达式如下：

$$C_j = \sum_k W_{jk} S_{jk} \qquad B_i = \sum_j W_{ij} S_{ij} \qquad A = \sum_j W_i B_i$$

式中：A、B、C —— 目标层、准则层和方案层综合分值；

$\qquad W_{jk}$ —— 第 j 个方案层的第 k 个指标权重；

$\qquad S_{jk}$ —— 第 j 个方案层的第 k 个指标的标准化分值；

$\qquad W_{ij}$ —— 第 i 个准则层的第 j 个方案层权重。

根据专家建议，本书将绿色社区最终得分的总分设为 100 分，根据得分分值将社区评价在总体上分为绿色社区和非绿色社区两大类，其中绿色社区按照得分等级划分为四等，具体表示为表 6-6。

表 6-6 评价等级分级表

项目	绿色社区				非绿色社区
	绿色Ⅰ级	绿色Ⅱ级	绿色Ⅲ级	绿色Ⅳ级	
状态	完善	较好	好	一般	差
分数	90～100	80～89	70～79	60～69	0～59

第 7 章
我国绿色社区建设的实现路径

　　绿色社区是人与自然和谐共生的社会组织，其核心内涵是人们生存方式及生产和消费活动与自然生态系统和谐协调可持续发展。绿色社区强调人们的生产和生活等活动对于自然生态环境的影响，必须在自然的承载力范围之内，能通过自身的生态系统达到长期的和谐共生共荣。绿色社区强调综合运用文化理念、科学技术、经济、管理等多种措施降低经济社会的发展对环境的影响。绿色社区的设计要根据当地的自然环境，运用生态学、建筑学的基本原理及现代科技手段，合理安排住宅建筑与其他相关因素之间的关系使住宅和环境成为一个有机的结合体。随着生态环境保护和可持续发展观念的传播，绿色社区建设在国外和国内兴起。不管是国内还是国外，由于不同的地方自然条件和社会、经济、环境条件不同，绿色社区建设的内容、重点、组织和管理方式也不尽相同。

7.1　绿色社区建设的指导思想

　　"万物各得其和以生，各得其养以成"。中华文明历来强调天人合一、尊重自然。面向未来，我国把生态文明建设作为"十三五"规划重要内容，落实创新、协调、绿色、开放、共享的发展理念，通过科技创新和体制机制创新，实施优化产业结构、构建低碳能源体系、发展绿色建筑和低碳交通、建立全国碳排放交易市场等一系列政策措施，形成人与自然和谐发展现代化建设新格局。

党的十六届三中全会提出"坚持以人为本，树立全面、协调、可持续的发展观，促进经济社会和人的全面发展"；党的十六届四中全会进一步提出构建社会主义和谐社会的任务；党的十六届五中全会通过了《中共中央关于制定国民经济和社会发展第十一个五年规划的建议》，提出建设资源节约型、环境友好型社会的任务。2007年召开的党的十七大提出2020年实现全面建设小康社会奋斗目标的新要求，其中包括"建设生态文明，基本形成节约能源资源和保护生态环境的产业结构、增长方式、消费模式。生态文明观念在全社会牢固树立。"这些为今后绿色社区建议指明了方向，科学发展观、"两型"社会、和谐社会、生态文明应成为绿色社区创建活动的指导思想和奋斗目标。社区作为社会基础单元，是生态文明建设的重要阵地，也是建设"两型"社会、和谐社会的重要领域。

国家下达的许多文件结合当前的环保任务对绿色社区创建活动提出了要求：如2005年公布的《国务院关于做好建设节约型社会近期重点工作的通知》提出在"十一五"期间创建一批节约型城市、节约型政府机构、节约型企业、节约型社区，发挥示范作用努力营造建设节约型社会的良好氛围，要求在宾馆开展"争创绿色饭店"活动，在社区开展"创建绿色社区"活动，在中央国家机关开展"做节约表率"活动，把创建绿色社区活动作为创建节约型社区的主要措施；再如2006年国务院同意环保总局、发展改革委制定的《国家环境保护"十一五"规划》提出，"倡导绿色消费、绿色办公和绿色采购，广泛开展绿色社区、绿色学校、绿色家庭等群众性创建活动，充分发挥工会、共青团、妇联等群众组织、社区组织和各类环保社团及环保志愿者的作用。"强调了绿色社区在倡导绿色消费上的重要作用。因此，今后绿色社区创建活动要紧紧围绕节能减排、倡导绿色消费、建设节约型社区等当前环保中心任务开展。

党的十八大报告明确提出：面对资源约束趋紧、环境污染严重、生态系统退化的严峻形势，建设生态文明，是关系人民福祉、关乎民族未来的长远大计。要把生态文明建设放在突出地位，融入经济建设、政治建设、文化建设、社会建设各方面和全过程，努力建设美丽中国，实现中华民族永续发展。要树立尊重自然、顺应自然、保护自然的生态文明理念，加快建立生态文明制度，健全国土空间开发、资源节约、生态环境保护的体制机制，推动形成人与自然和谐发展现代化建设新格局。要坚持节约资源和保护环境的基本国策，坚持节约优先、保护优先、自然恢复为主的方针，着力推进绿色发展、循环发展、低碳发展，形成节约资源和保护环境的空间格局、产业结构、生产方式、生活方式，从源头上扭转生态环境恶化趋势，为人民创造良好生产生活环境，为全球生态安全做出贡献。

7.2　绿色社区建设的目标

绿色社区建设的总体目标是建立社区的绿色、环保、低碳的自我教育、自我管理体系和公众参与机制。

在这一总目标下，我国绿色社区建设包括 3 个子目标：

（1）推动法制化建设。绿色社区的居民作为一个生存于共同的生态环境、有着共同环境权益的群体，他们是帮助和监督环境执法的基层力量。他们既可以举报有法不依的违法者，又可以监督执法不严的执法者，从而将公众参与环境执法监督落到实处。

（2）加强决策的民主化、科学化。绿色社区创造了政府与民众在环境问题上的沟通机制和交流渠道，使社区居民（无论是科学家、教师、企业家、工人、学生还是家庭主妇）有了直接的具体渠道，表达他们对环境问题的见解、建议，并使原国家环保局出台的"公众听证会"等制度有了最为基层的载体。

（3）普及绿色生活方式。绿色社区的自我教育和自我管理机制，引导居民选择绿色生活，如节能节水、垃圾分类、绿色消费、大众交通、拒用野生动物制品等，把环保变成了一种生活方式，一种社区文化，从而把可持续消费模式落实到社区，由此拉动中国的社会、经济朝着可持续的方向发展。

7.3　绿色社区建设的方向

我国绿色社区的建设历程，若从 20 世纪 90 年代初的"环保特色学校"创建开始，至今已经历时近 26 年。26 年来，绿色社区的创立和建设，既取得了巨大的成就，也存在着极大的发展空间。今后，我国绿色社区的建设，亟须明了绿色社区建设的"八化"发展方向：民主化、服务化、网络化、环保化、人性化、福利化、绿色文化和和谐化。

7.3.1　民主化

绿色社区的发展应高度重视社区居民的民主权利，即民主化。民选的绿色社区领导小组要代表全体社区居民的意愿行事，为全体社区居民服务。[①]

当然，社区居民的民主权利远非到此为止，他们还要参与社区从生活小事到大政方针的一切决策，并且社区制定方针政策都要充分体现公开性、透明性和民主性。

居民的民主权利和社区事务的公开性可以集中体现在每月召开的社区会议上，会上要通过社区报纸、文化通讯、年度报告等各种形式向居民通报社区工作的情况和信息。社区居民的任何意见、想法、建议都可以直接在社区会议上提出。在高度民主化的社区中，居民不再是被动接受管理的对象，而是真正当家做主的社区主人。

7.3.2　服务化

为居民服务是社区一切工作的出发点和落脚点。要不断满足人民群众日益增长的物质文化需求，拓展社区服务。社区服务是社区建设的龙头，要把拓展社区服务作为丰富社区建设内涵的重要方向来抓。[②]绿色社区服务的重点，要放在面向社会特殊群体的社会救助和社会福利服务、面向社区单位的社会化服务以及面向下岗失业人员的再就业服务和社会保障社会化服务上。社区服务要以坚持产业化、社会化为方向，以最大限度地满足居民群众的需求为内容，要体现大社区、大服务。当前最重要的是要做好下岗失业人员的再就业服务。

服务项目多样化：要改变服务内容单一的局面，面向广大居民群众，满足多层次、多需求的要求，为群众办好事、办实事。服务活动要经常化：通过经常组织开展健康有益、丰富多彩的文化、体育、科普教育、娱乐等活动，丰富居民群众精神文化活动，满足群众需求，凝聚人心。

服务手段信息化：通过电脑、网络等现代化办公条件，提高服务效率和服务水平。服务人性化、以人为本是社区建设的首要原则，社区要做到服务上门，主动走

[①] 李静、王晓峰、权晓燕：《开发建设绿色生态社区问题初探》，载《新疆师范大学学报》2004 年第 3 期，第 82～85 页。

[②] 胡小、艾莉：《人居金陵——南京市创建绿色人居环境社区侧记》，载《环境导报》2003 年第 2 期。

出去，真正做到"社区以民为本，民以社区为家"。

7.3.3　网络化

网络时代，互联网在我国城市社区中的应用越来越广泛。一方面，我国的各个绿色社区的建设，需要大量的资料、信息、技术、知识等来完善社区的建设，而且社区和社区之间也需要一起工作、交流、互相传递信息、工作经验、取得的成效等，因此，需要建立一个绿色社区网络，把全国各个社区以点与点的形式相互连接，资源共享并不断充实、完善，使各个社区能够更快更有效地进行合作和发展。并且城市社区政府机关、企事业单位及众多的居民家庭都将连入互联网，通过互联网这个高速、高效的信息传播工具，社区各单位、个人之间得以方便地相互交流信息，城市社区内外也加强了信息联系。另一方面，随着现代生产力的发展，城市社区居民的工作条件大大改善，在家工作备受人们青睐，家庭网络成为社区居民工作、生活的得力助手，通过网络设立"社区论坛"，使"社区论坛"作为一种组织形式和机制来进行社区环境教育、加强居民对社区发展尤其是绿色社区活动的参与意识，同时作为社区居民间、居民与社会中的其他群体交流和讨论的平台。通过"社区论坛"交流和讨论的形式来激发社区居民对进一步加强绿色社区的参与兴趣和热情，进行必要的绿色社区实践活动，同时解决社区中存在的一些问题。"社区论坛"将主要讨论如何进行绿色社区的实践活动。[①] 1994 年，美国有 700 多万人采用了在家工作的方式，利用家中电脑，通过互联网与办公室联系，不用为了上班而每天疲于奔波。随着互联网在我国的迅速普及，互联网必然成为我国城市社区居民生活的重要工具，城市社区文化建设也将具有浓厚的网络化特征，展现出新的发展活力。

7.3.4　环保化

当前，绿色住宅的消费意识已经开始植根于一部分尤其是大中城市居民的脑海中，这个 21 世纪新型的住宅形态，不仅迎合了人们亲近自然的心理诉求，更反映了住宅建筑理念和居住文化的升迁。"绿色住宅"的理念已全面推出，即在"以人

[①] 刘波平：《建设绿色社区与构建和谐社会》，载《黑龙江社会科学》2006 年第 3 期。

为本"的基础上，利用自然条件和人工手段来创造一个有利于人们舒适、健康的生活环境，同时又要控制对自然资源的使用，实现向自然索取与回报之间的平衡。

7.3.5 人性化

绿色社区建设的全部内容，都是为了能够使人们的生存环境更加舒适，体现以人为本的理念。[①] 这里的人性化有两个层面上的含义：①在尊重人的基本权利的同时，十分关心人与自然的关系，即满足人的开发活动、生活行为时要尽量减少对周边自然环境的影响，如不得已改变了周边的自然植被、地形地貌等生态环境，也应用人工再造的手段最大限度地进行弥补或另外营建一个仿自然甚至优于自然的生态环境。②在关注本社区居民利益的同时，也应十分关注社区与城市的关系。在照顾到本社区特定人群的价值观、文化取向、经济利益的同时，必须兼顾到与城市周边区域人群的利益与城市更大空间的和谐发展。今后社区的重要工作应放在强化人们节约资源的意识上，并使这些意识在人们心中逐渐形成习惯，而不是要人们刻意地去做，这需要很长一段时间，在这段时间里，逐渐完善社区内的各种建设，并突出人性化的建设。

7.3.6 福利化

福利性是绿色社区服务的本质特征。它以维护社区的弱势群体、优抚对象和大多数居民的基本生活权益为出发点，强调社会效益优先。[②] 通过有效的社区服务，美化社区自然环境和社会环境，为居民提供基本生活保障，提高其生活水平和生活质量，实现共同发展和共同进步。应该明确，绿色社区服务不强调营利性而注重理性，但这并不意味着社区服务不可以实行有偿服务。当然这种有偿服务应当遵循方便居民，收费低廉的原则，而且其盈利也必须用于社区服务。

---

① 余进：《环境保护与绿色社区的创建》，载《厦门科技》2006 年第 2 期。
② 陈向阳：《公众参与机制与绿色社区创建》，载《引进与咨询》2005 年第 8 期。

7.3.7 绿色文化

文化是一种土壤,营造绿色文化是保护生态环境,实现可持续发展的根本保证,是人类与自然环境协同发展、和谐共进,并能使人类可持续发展的依托。

绿色文化是人类与自然环境协同发展、和谐共进,并能使人类可持续发展的文化。绿色文化包括持续农业、生态工程、绿色企业,也包括有绿色象征意义的生态意识、生态哲学、环境美学、生态艺术、生态旅游、生态伦理和生态教育等诸多方面。以社区为单元,围绕生态环境保护,开展有针对性的宣传、教育活动和通过建立公约、法规保护绿色环境,提高居民的生态环境意识,培养居民爱护环境,保护生态的风尚,提高生活质量的理念,营造植根于民众的绿色文化,使生态环境保护成为广大群众的自觉行为。

7.3.8 和谐化

绿色社区服务不是仅仅追求环境优美,而是力图将社区的自然环境、人居环境、服务设施和居民融为有机的整体,形成互惠共生结构,以保证社区发展的健康、持续和协调。社区服务追求社区中各种自然景观之间、社区居民与自然环境之间、自然与社会之间、居民之间的良性循环和高度和谐,使人们生活在一个温馨、舒适、宁静、清洁的环境里。

7.4 绿色社区建设的主要内容

绿色社区建设是一个系统工程,涉及方方面面,它包括硬件和软件两个方面的建设。从硬件建设来看,主要有绿色建设,包括绿色建筑、绿色能源、绿色交通、社区规划、生态环境;从软件来看,主要是绿色管理(包括精细管理和居民满意)和绿色生活(包括生态环境宣传与公众参与、绿色出行)。

7.4.1 我国绿色社区的硬件建设

社区物质设施既是社区居民日常生活和从事各种社区活动的必要前提,又是社区精神文明建设和制度建设的重要载体。[1] 改革开放以来,我国的现代化进程不断加快,城乡的物质设施面貌已大有改观,但在社会需求日益增长的情况下,供需之间的矛盾仍然不同程度地存在着。在社区层面上,物质设施数量不足、类型不全、标准不高等问题依然比较严重。因此,进一步加强物质设施建设,也是我国绿色社区建设面临的一项重要任务。

绿色社区物质设施建设涉及的内容十分广泛。按性质划分,通常可以分为营利性设施和公益性设施两大类。前者以经济效益为主要目标,如社区商业网点;后者以社会效益为主要目标,如社区绿地、社区公园等。按功能划分,绿色社区物质设施可大致分为以下 9 种类型:

- ☞ 居住设施:包括各类住房及其配套公建设施(如宅路、庭院、停车场等)。
- ☞ 市政公用配套设施:包括垃圾处理、邮政、公用电话、电信网络等设施。
- ☞ 管理设施:包括居委会、警务、物业管理等组织的办公设施。
- ☞ 商贸金融设施:如市场、超市、理发店、银行、旅店、保险等机构和设施。
- ☞ 文教科技设施:如幼儿园、小学、中学、高中、社区学院、书店、文化馆、科技馆、图书馆等。
- ☞ 医疗保健设施:如社区医疗诊所、药店等。
- ☞ 运动与休闲设施:如运动场馆、健身房、社区公园等。
- ☞ 社会服务设施:如老年人活动中心、家政服务介绍所等。
- ☞ 生态绿化设施:如社区绿地、绿带等。

绿色社区物质设施的数量与质量不仅关系到社区居民的生活便利程度,而且会产生广泛和复杂的经济效果,因此必须要有科学合理的建设规划加以引导。一般而言,绿色社区规模越大,物质设施建设的数量和类型越多,建设的要求也越高。根据我国经济社会发展状况,一个大型城市综合居住绿色社区在物质设施建设方面的基本要求是要逐步建立一套功能完善、设施先进、布局合理、能满足居民基本活动

---

[1] 于秀平:《社区卫生服务现状分析及发展策略研究》,吉林大学学位论文,2004 年。

需求的社区公共服务中心系统。

（1）绿色建筑。是指采用环保建材和环保涂料，在采光方面、房体保温、通风等方面都符合环保要求的建筑。

（2）社区绿化。小区绿化覆盖面积占小区总面积的30%，采用多种绿化方式（立体绿化、屋顶绿化等）。

（3）垃圾分类与回收利用设施。设置生物垃圾处理机、分类垃圾桶，大的居民区可以建立社区自己的垃圾分类回收清运系统。

污水处理设施：在小区配置生活污水处理再利用系统，居民家庭的卫生用水，可以使用二次水。

（4）节水、节能。居民家中使用节水龙头、节能灯等，随时关掉不用的灯，不开长明灯。白天尽量利用自然光，在自然光线充足的地方学习。社区绿地浇水采用喷灌，采用太阳能热水器。关掉不用的电器。尽量用扫帚和抹布打扫卫生，减少吸尘器的使用。使用风扇防暑降温，尽量不装空调或少开空调。

（5）新能源设施。目前，新能源主要有太阳能、风能、潮汐能、地热能、生物质能、核能等。

7.4.2　我国绿色社区的软件建设

7.4.2.1　建立强有力的绿色社区领导和管理机构

（1）领导和执行机构建立的必要性。绿色社区建设千头万绪，首先必须成立一个领导和执行机构。机构可以叫作绿色社区建设委员会，或绿色社区建设联席会，或创建绿色社区领导小组等，不拘泥于一种形式。[1]

（2）管理机构的组织人员。包括居委会负责人、当地环保部门人员、环卫部门人员、精神文明建设主管部门人员、物业管理公司负责人、环保民间组织的负责人、附近学校领导、社区内大单位负责人、环保志愿者组织负责人、居民代表等，日常工作一般以居委会为主。

（3）机构主要职能。①负责绿色社区的日常管理工作；②根据社区实际情况，找出社区内主要生态环境问题和影响社会可持续发展的问题；③建立绿色社区管理

---

[1] 何燕宁：《创建绿色社区　构建和谐社会——环境保护公众参与的有效途径》，载《内蒙古环境保护》2005年第2期。

规章制度并提请社区代表会议通过；④组织、协调社区内外一切可以为我所用的力量，调动方方面面参与绿色社区建设的积极性；⑤组建并领导社区绿色志愿者大队；⑥积极开展环境宣传教育，在社区内组织开展绿色行动；⑦按目标任务对社区建设及保持工作进行自查；⑧定期评选并表彰绿色家庭和绿色社区建设先进个人；⑨不断保持和完善绿色社区工作内容。

（4）机构内部分工。机构内部应明确分工，可由某个委员会专门负责某项工作，如节水、节电、垃圾分类、宣传教育、检查评比等，重点工作可设立项目组。

7.4.2.2 建立完善的绿色社区管理体系

联席会是绿色社区环境管理体系的核心，负责社区的环境管理和具体实施。根据其管理主体的特点，大致分为 3 种模式：

（1）政府有关部门、民间组织与物业公司共同参与的社区环境管理。由政府有关部门（包括精神文明办、环保局、环卫局、街道办事处）、民间环保组织、居委会和有关企业（物业公司）组成联席会，联席会的成员各尽其责：精神文明办主管社区总体环境文明建设；环保局负责社区环保和污染控制的事务；环卫局承担垃圾分类的硬件设施和清运工作，进行垃圾分类回收的宣传；街道办事处和居（家）委会负责有关的社区环境的行政性事务和教育培训，引导公众对环保的参与。其特点是：由政府有关部门参与，加强社区环境管理的力度，能够较有效地协调与周围单位所发生的环境问题。

（2）以居委会为主的社区环境管理。居委会经常开展环境宣传教育活动，组织各种环保活动，实施垃圾分类等；民间组织起到策划、推动、协助与沟通的作用。其特点是通过居委会实施环境管理，主导居民参与各种环保活动，倡导居民选择绿色生活方式，来实现绿色社区的自我教育、自我管理和公众参与的目标。

（3）以物业公司、业主委员会为主的社区环境管理。它要求物业公司有较高的环境意识和环境管理能力，能够主动地与环保部门和环保组织联系，开展环保活动，选择绿色生活方式。这种模式从房地产开发开始，房地产公司就将环保建设的理念贯穿于设计、施工、管理的全过程，使社区一开始就具备较高水平的环保设施。在业主入住后，物业公司和环保组织合作，建设绿色社区的软件体系。

在绿色社区的创建中，联席会的形式可以多种多样，关键是要建立起社区层面的环境管理体系和公民参与机制。

建立一个由社区所在街道办事处为牵头单位、基层环保局（办）、文明办、环卫处（所）、小区物业管理公司和居委会为成员单位的管理机构，负责"绿色社区"的创建组织协调工作，日常工作由小区物业管理公司和居委会共同承担。"绿色社区"内要建立垃圾、固体废物分类回收清运系统；配置生活污水处理再利用系统；生活服务设施科学规划，符合环保要求；绿化植被点面结合，整洁美观，绿化覆盖率不低于30%；社区内建立若干个长久性环保标识和宣传阵地，文化场所配备一定数量的环保书籍、报刊、音像制品，引导社区居民绿色文明的生活及消费方式；此外，建立社区环保志愿者队伍或以区内学校为主体，充分吸收居民参与，开展持之以恒、内容丰富多彩的环境保护宣传教育活动，以此推动社区内居民环境意识的提高和环保工作的顺利开展。

7.4.2.3　绿色社区的文化建设

发展社区文化是绿色社区建设是否成功的一个重要标志，也是绿色社区建设健康发展的原动力。社区文化是指：共同生活在一定社区内，具有相近的价值观念、认同意识的社区群体，在物质条件许可的前提下，因求知、求乐、求美、求安等需求而进行的社会性精神文化活动。可以说，社区文化是社区内人们长期实践而创造出来的物质文化、精神文化和制度文化的总和，是绿色社区建设的主要内容之一，绿色社区的建设始终重视文化的重要作用。

（1）构建绿色社区的伦理价值观念和文化氛围。在我国传统文化中已经形成了一系列对人类居住地进行选址规划等的学问，强调城市与自然相配合、协调，以达到天地人三者的统一。[①] 提倡保护我们生存的环境，人类才能得以生存。这些优秀的环境伦理观，对于我们今天建设绿色社区意义重大。在实际工作中，要使人与自然和谐的原则渗透到所有城市建设和管理的各项工作之中。不断培育绿色社区的文化氛围。要树立尊重自然、体现人与自然和谐相处的价值观和道德观，通过教育、文学、艺术和科学技术等的支持和协助，使绿色社区的理念成为全社会的共识和奉行的价值观。

（2）社区文化建设要发挥群众的主体作用，让群众在社区文化建设中唱主角。[②]绿色社区的主流文化是参与型文化，体现着民主、平等、公平的精神。绿色社区注重居民生活质量的提高，常常根据居民的需要开展文娱活动，丰富居民的文化生活，在活动中加强居民之间的沟通，提高居民的精神文明水平，丰富居民的文化生活，

---

① 小林文人：《当代社区教育新视野：社区教育理论与实践的国际比较》，上海：上海教育出版社，2003 年版。
② 张林英、周永章、温春阳等：《创建绿色社区 促进生态城市建设》，载《现代城市研究》2006 年第 1 期。

增强对居民的思想教育,提升社区居民的综合素质,为居民产生凝聚力创造了条件。因此,借助绿色社区的各种文化活动和社区教育,增加人们的沟通和了解,构建绿色社区就拥有了坚实的文化基础。

(3)完善绿色社区文化建设的基本设施。要实现绿色社区建设目标,还需要宣传、教育和文化设施的建设,社区的其他服务设施建设也需要与绿色社区的理念和谐一致。[①] 充分利用这些设施,能够增强居民的绿色理念,促进绿色社区居民行为规范的形成,从而使绿色社区建设有了可持续发展的保证。

绿色社区应设立绿色宣传橱窗或宣传栏、警示牌,主要树木以及珍稀植物应该悬挂讲解牌。宣传橱窗和宣传栏应该配合定期开展的绿色社区活动而经常更换内容,从而起到宣传、号召和渲染气氛的作用。绿色社区还应该有绿色资料分发地点和阅览室,可在管理处和文化活动中心设立专门书架和报刊架,摆放生态环境保护与可持续发展类的书籍、报纸、杂志等,有条件的可以开辟专门的阅览室。另外,可利用阅览室、居委会、小区门卫等地方作为绿色宣传资料的分发地点,分发诸如《市民环保手册》《某某绿色社区居民行为规范》《绿色家庭的标准》等。社区还应该根据自己的实际情况,建立寓教于乐的绿色文化设施以及有绿色示范作用的景点。建设社区学校,不定期对社区居民进行环境知识的普及和培训,请高校和科研单位的专家到社区进行授课,或播放音像资料等。建立通畅的环境信息获取途径,包括:相关的法律法规,当地环保局宣教中心等环保机构、环保 NGO 和相关网站的联络方式。

通过上述绿色社区文化设施建设,增强居民的环境意识,提高居民的环境素养,引导居民参与绿色社区建设,并提高其参与程度和参与水平,从而有助于居民形成绿色行为习惯,推动绿色社区建设工作的开展和使社区绿色程度不断加深。

(4)开展绿色社区环保宣传教育。环保宣传教育是绿色社区建设中的一项重要的常规工作。社区环保宣传教育的目的是提高居民的环境意识、环境素质,引导居民参与绿色社区建设,提高其参与程度和参与水平,推动绿色社区建设工作滚动发展和社区绿色度不断加深。绿色社区建设委员会应当指派专人或者成立专门工作组,负责社区环保宣传教育工作。应建立并不断扩充宣传教育阵地和渠道,每年要有计划、有行动、有实效、有总结、有经费保障。宣传教育工作贯穿于整个创建过

---

① 张卫、张春龙:《居民需要什么样的社区文化》,载《社区论坛》2004 年第 10 期。

程，渗透每个环节。形式要新颖活泼，不拘一格，适合不同年龄和背景的人群贴近居民生活。

宣教内容要具体实在，主要内容应包括：绿色社区建设的工作计划，现阶段工作重点、工作成效、出现的问题及解决方法，居民如何参与绿色社区活动，创建过程中涌现出的好人好事和坏人坏事，市民绿色生活观念、知识技能，与市民密切相关的环境质量、环境法规、环保举措信息，市民关心的其他环境信息，等等。这些宣传内容的原始信息可从环保部门、民间组织、互联网、书报刊上获得。

要实施一个新项目，如垃圾分类投放、节水、控制私家车污染等，还要对全体或涉及的居民进行必要的专项培训，向居民灌输项目的重要性、可行性，如何参与、如何操作，以及相关背景知识。培训可以由社区自己组织，以授课、主题活动等形式进行，也可以把骨干人员送出去培训，或组织参观学习。此外，绿色社区建设委员会主要负责同志也应定期参加培训，以及时更新观念，补充知识，开阔眼界，不断将绿色社区建设工作引向深入。

（5）提高公民素质，普及绿色生活方式。我国以往的环保工作通常指两个方面，一是污染治理，二是生态建设。绿色社区则拓展出"环保"第三方面的内涵，这就是绿色生活。[①] 绿色生活方式主要是指适度消费、合理消费和绿色消费，通过绿色生活的选择带动绿色产品和服务的生产，如节能节水、垃圾分类、绿色消费、大众交通、拒用野生动物制品等。这就把环保变成了一种生活方式，一种社区文化，一种人人可以参与的行为和时尚。同时，通过生产技术与工艺的改进，不断降低绿色产品的成本，形成绿色消费与绿色生产之间的良性互动。在不影响人们生活质量的前提下，牢固树立保护生态环境、共建和谐社会的责任意识，倡导广大居民实行绿色消费，尽量倡导合理、科学的消费观，重新树立"节约光荣、浪费可耻"的社会道德风尚。倡导有利于节约资源，保护环境的生活方式和消费方式，从我做起，从现在做起，从平时的一滴水、一度电开始，以自己的自觉行动教育人们，节约不仅仅是节约几分钱的事情，而是一件关乎人类可持续发展的大事，使社会每个成员为发展循环经济尽一份责、出一份力。做到节能、节水、节材、节粮、垃圾分类回收，不要为了图一时的方便而大量消费一次性用品，如一次性筷子、一次性杯子等，以尽量减轻对环境的压力。同时要充分利用市场规律，以经济政策如消费税等价格来

---

① 白友涛：《城市社会建设新杠杆：社区民间组织研究》，南京：东南大学出版社，2006 年版。

推进绿色消费，通过绿色消费带动绿色产品和服务的生产。这种环境文明不仅减缓了资源消耗与环境污染，造就了与自然和谐的生活环境，也有助于创造"绿色市场"，推动环保产业、建筑业、公交业、绿色食品业、回收业等相关行业来发展社区的环境文明，通过绿色社区的自我教育、自我管理机制使得彼此隔离的家庭之间经常为共同的环保事务而合作交流，增加居民的环境意识和文明素养，增进邻里感情，增强社区凝聚力。绿色社区创造的是一种集物质文明、精神文明和环境文明为一体的绿色生活。这种社区文化无疑将对我国整体的物质文明、精神文明和环境文明建设产生深刻的影响。

7.4.2.4 组织绿色社区行动

（1）养成良好的行为习惯。可以说，环境的恶化是人自身的行为造成的。虽然很多人都知道乱扔垃圾的习惯不好，但在没有强大的外在舆论约束的前提下，这样的不良生活习惯要改变是较难的。生活习惯在于日常的养成，而一旦养成，它会不自觉地支配着每一个人的生活，一年半载也难以改变，所以培育社区居民的绿色生活习惯是非常重要的。因此，倡导居民从日常生活小事做起，就要引导社区居民做绿色生活的实践者，改变既成的生活方式，追随绿色时尚，建设绿色文明。例如，手洗衣物；减少使用一次性筷子和杯子；节约用电，关掉不用的电器，随手关灯，使用节能灯；节约用水，用完水后及时关掉水龙头，一水多用，尽量使用二次水；尽量少使用电脑，减少电子产品产生的电子垃圾对环境的污染；使用购物袋，或重复使用已有的塑料袋；选择自动铅笔，少使用木杆铅笔；不攀折树木，不践踏草地，不随便采集标本；参加领养树的活动，定期给它浇水、培土，照料它成长；在家里设置几个垃圾筐，垃圾分类；乘自行车、公共交通工具出行，少开私家车；等等。

（2）建立社区奖励、批评机制。奖励批评机制是建立并保持社区绿色舆论氛围，调动居民参与积极性的重要手段。奖励机制中应包含奖励形式、评选机构、评选范围、评选办法、奖励措施、时间间隔等基本要素，应力求成文并公布。奖励应为精神奖励为主，奖励形式应主次结合、多种多样，既可以是绿色家庭、绿色标兵、绿色社区建设贡献奖等称号的评选，也可以采用星级绿色家庭标牌、光荣榜、流动绿旗、通报表扬等形式。绿色社区中要树立批评和自我批评的良好风气，每个居民，都有自觉接受批评的义务，也都有批评他人的权利。可以建立一支"某某绿色社区建设督导队"或类似组织，专门负责行为规范的实施监督和行为纠正工作。批评应以说服教育和行动感召为主，要贯彻尊重人、理解人、帮助人的原则。

（3）设立绿色家庭和绿色社区建设贡献奖。绿色家庭是指积极参与绿色社区建设，将环境管理制度和要求落实在家庭生活中，并严格遵守《某某绿色社区公民行为规范》的家庭，它们是社区内其他家庭学习的榜样。绿色家庭的评选标准应由绿色社区建设委员会根据《绿色社区公民行为规范》拟定，指标应力求量化，除了环保行为及效果、榜样辐射作用以外，还应重视家庭中的环保制度建设及习惯养成情况，要发动青少年的力量，由一个人带动一个家庭。社区可以开展"小手拉大手"行动，号召青少年先行动起来，向家长宣传环保常识，关注身边环保行为，为表彰家庭对社区建设所做的贡献，居委会每年评选出数个绿色家庭、节水家庭、五好文明家庭等，定期组织经验交流会、座谈会，介绍家庭环保经验。绿色社区建设贡献奖应奖励在绿色社区建设过程中涌现出的先进个人或集体，比如绿色社区建设的领导者、组织者、管理者、志愿者、骨干人员、积极分子等。

（4）鼓励居民从防治身边尘土污染做起。可以发放喷壶、水桶、水舀子等防尘工具，并利用社区"市民学校"，聘请绿色宣讲团的老师定期举办讲座，讲解粉尘污染的危害、绿色消费、普及环保常识，通过播放音像资料、传阅环保图书，不定期地向居民介绍健康生活小常识，讲授通俗易懂的环境保护知识。

7.4.3　建立健全有利于绿色社区建设的保障体系

绿色社区作为一种全新的城市发展形态，必须要创造一整套必要的保障条件，以保证绿色社区的创建及其运行。

（1）资金及管理。不管是国内还是国外的绿色社区，它们几乎都是非营利组织。而它们的资金来源有的是靠政府支持，有的是靠各自的合作伙伴等。在我国，绿色社区作为一个非营利性的环保组织，资金是限制其快速发展的因素之一。发展和增长对一个繁荣的社区是必需的。不适当的发展会导致一个社区巨大的经济负担。因此，需要有适当的资源渠道和合理利用资源，这样就可以创造一个繁荣的社区，又不会引发未来的问题。

（2）制度和规划保证。绿色社区建设需要好的制度的强有力的保障。为此，应建立领导干部环保政绩考核制度和环保问责制度，绿色国民经济（绿色 GDP）核算制度、战略环境影响评价制度和公众参与制度、听证制度，通过这一整套制度来约束和规范政府的行为。

加强社区的科学规划，严格按照规划要求来划分社区功能区，工业园区的建设不能选在城市的上风向和城市水资源的上游，住宅区的建设要尽可能地选择在城市地理位置较好的适宜人居的区域。社区大型设施的建设要体现以人为本的原则，要提倡环保。

（3）规范政府行为。政府行为对公民具有很大的示范效应。如果政府是富有责任感的、人道的，其政府行为将引导公民向善，也有利于培育公民的责任感。政府应是城市绿色社区建设的推动者、引导者，应以绿色 GDP（扣除了资源消耗和环境污染损失的 GDP）来衡量地方政府的经济发展行为，把环境指标纳入政府内部考核系统。在培育绿色社区的过程中，政府要率先作"绿色政府"。[①]

政府应有正确的价值导向，政府行为对公民具有很大的影响力。所以，对于社会中一些不能靠个人力量加以修正的不良行为，政府部门有责任依靠行政力量加以修正，引导公民过文明的生活。比如，在环境保护和动物保护方面，应该加强立法和监督执法；加强"垃圾循环利用"方面的研究，尽快实行居民垃圾分装回收政策，有效地节省资源，同时也减少露天垃圾堆放区，尽量避免垃圾堆环境的损害；在中小学教育中加入环境教育等。需要国家政府部门来完成的还有，利用政府政策来调控一些短缺资源合理的、充分的利用。比如，我国很多城市现在面临缺水问题，有人预言，水资源缺乏将给人类带来生存危机。世界上许多城市用行政手段强制节水，电视中也有耸人听闻的公益广告——如果不节约用水，世界上最后一滴水将是你的眼泪。这些都没有什么用。美国某城市在 20 世纪 70 年代缺水时，用行政方法限制，甚至动用警察监控各户用水情况，结果无用。至于公益广告，显示一下社会关注是可以的，真正节水的效果并没有。解决水资源的短缺还要靠价格。这就是要保证水的供给还要靠大幅度提价。从供给来说，现在还找不到水的替代品，但水并不是不可再生性资源，提价是可以增加供给的。当价格提高到一定程度时，海水淡化、废水重新利用等都将有利可图。就会使人们找出一些增加水的办法。同时，也只有提价，才能使人们节约用水，减少需求。而且，只要水价涨到一定程度，各种节水技术就会被开发出来。这时，水资源就不再是问题了。水是生命所不可缺的，如果任供求关系调节价格，水价上升过高，会危及低收入者的生活，甚至连饮用水都困难。价格机制的确是无人性的，但我们可以通过政府的政策，既利用了价格机制，又实

---

① 杨钢：《建设可持续发展的"绿色社区"》，载《四川行政学院学报》2003 年第 1 期。

现了人文关注和公正。方法之一是实行歧视价格，即保证生活基本需要的水实行低价。例如，假设一个人在保证正常生活下每年需要 2 t 水，这 2 t 水实行低价，在此之上实行累进价格上升。另一种方法是，给低收入者以用水补贴，例如，每月每人给 100 元水补。这种方法变暗补为明补，也许效果更好一些。

另外，政府应当加强对社区的管理，我国目前的社区管理主要是由居委会（政府行为）和物业来完成。一个良好的社区环境是居民、物业以及居委会来共同创建的，整个绿色社区建设是一个系统工程，这 3 个方面都扮演着重要的角色。居民是受益主体，是被服务的对象，因此享有被服务内容的所有权利，同时也应履行一定的义务。例如，自觉维护社区内的环境，主动配合物业及居委会进行宣传活动等。物业的功能主要是服务于社区内的居民，负责社区内的安全、环保、秩序、宣传以及努力提高人们居住环境的状况等，并积极配合居委会的工作，搞好社区建设。居委会则属于政府行为，拥有一定的政府职能，主要工作应放在协调解决各个部门之间的矛盾，起到润滑剂的作用，并且制定一系列的评比指标体系，从整个社区到每家每户进行评定、监督。

（4）建立有利于绿色社区发展的完备环保法律体系。我国诸多环境问题的症结并不在于没有环境法规，而在于执法不力，而执法不力的重要原因之一是缺少以社区为基础的监督执法的机制。绿色社区的功能之一就是创造社区公众能够参与执法监督的条件，建设绿色社区是一个系统综合性的工作，需要一系列的制度和政策来不断地加以约束，因而需要建立完善配套的法律法规体系、政策支持体系、技术创新体系和激励约束机制。

在绿色社区建设过程中，社区居民作为生活于共同的生态环境、有着共同环境权益的群体，他们是帮助和监督环境执法基层的力量。他们既可以举报有法不依的违法者，又可以监督执法不严的执法者，从而将公众参与环境执法落到实处。另外，居民在这个过程中学会懂法守法和用法律来协调解决一切环境争端，可以避免由于不理性的争执对社会产生的不稳定因素。随着公民环境保护意识的提高，各种环境问题如噪声、水污染、垃圾倾倒等引起的争端将会越来越多。因而，及早建立社区环境管理体系和公众参与机制，将公众的环保热情引上法制化的轨道，这无疑是保证环境质量和社会安定的一个重要的砝码。

7.4.4　发挥"绿色创建"试点示范活动效应

从 1995 年以来，全国各地陆续开展了创建环保模范城市、生态示范区、生态省（市）、环境优美乡镇、环境友好企业、绿色学校、绿色社区等一系列"绿色创建"活动。"绿色创建"已经在我国各地蓬勃开展起来并向社会各个层面延伸，起到了巨大的典型示范和辐射带动作用。[1]

我国已建立 7 个生态省、528 个生态示范区、178 个全国环境优美乡镇、56 个国家环境保护模范城市、4 个国家环境保护模范城区、15 个国家生态工业示范园区、8 个国家环保科技产业园、32 家国家环境友好企业、488 所国家级"绿色学校"和 2 300 个省市级"绿色社区"。"绿色创建"成为落实科学发展观、构建环境友好型社区的具体实践。国家通过这些典型的示范作用，从而从各个方面达到发展城市绿色社区的目的。

---

① 丁元竹：《社区研究的理论与方法》，北京：北京大学出版社，1995 年版。

结　语

　　绿色社区是环境友好型社会的重要组成部分，社会是由众多的社区单元所构成，那么环境友好型社会的形成，必须以绿色社区为基础，只有通过一个个绿色社区的建立，并不断拓展，才能构建和谐社会。

　　保护全球环境，已成为 21 世纪人类社会的共识。今天的中国正以其十分脆弱的生态系统承受着巨大的人口和发展压力，环境保护更显其紧迫性。生态环境的恶化，已日益成为制约我国经济持续发展和影响社会安定的因素。我们每个人都是环境灾难的制造者，也是环境灾难的受害者，更是环境灾难的治理者，每个人都可以通过选择绿色的生活方式来参与环保、节约资源、减少污染、绿色消费、环保选购、多次利用、垃圾分类、循环回收、救助物种、保护环境。而要全国改善环境质量，仅靠政府部门是远远不够的，必须要寻找广泛的社会帮助，建立一种既有公众参与又有政府法规的微观机制。可以说，要构建一个人与环境和谐共生的可持续发展的社会形态，绿色社区建设是一条最基本的、最有效的途径。

　　随着世界人口的增长和经济社会的发展，对能源的需求与日俱增。根据科学家的预测，21 世纪的主要能源为核能、太阳能、风能、地热能、氢能和潮汐能、海洋能等。这一系列能源如能得到很好的开发、合理的利用，一定能解决长期困扰政府、科学家和居民的难题。20 世纪 90 年代以来，人类的环保运动逐步朝着社区的层面渗透，各国纷纷寻找适合自己国家的可持续发展的社区模式，目前各国对此都处于探索阶段，尚无统一的关于绿色社区的标准，也缺少比较成熟的经验。我国绿色社区虽然还处于有待完善的初创阶段，但已体现出很有潜力和价值的几大特色：①民间与政府携手共建。在不少国家，社区环保只是一种纯民间的行为。②硬件建设与软件建设的兼顾，尤其是软件建设系统的建立。③我国传统文化中，我们的祖先就已经形成了一系列对人类居住地进行选址规划等的学问，强调城市与自然相协调，以达到天地人三者的统一，提倡我们珍惜资源、关心后代的传统与国际环保时尚的融合。

21 世纪，环境意识将被看作是衡量社会进步和民族文明程度的重要标志，体现着一个民族的文明与素养，正如环境质量标志着一个国家的尊严和力量。不同于污染治理、生态建设那样需要大量投资和技术，绿色社区的建设主要靠管理体制上的改进。当前中国的公民福利及社会服务由单位转向社区的改革大趋势以及公民参与环保的时代大潮流又提供了建立绿色社区的社会条件。尽快建立和发展绿色社区，必将使我国的环保走上新台阶，并在这个领域走到世界的前沿。

本书前部分分析了国内外绿色社区的现状和一些问题及我国绿色社区的创建管理，后部分对我国绿色社区建设存在的问题进行了一些合理化建议。

通过分析可以看出，我国目前的绿色社区建设还有不足之处，我们不能满足已有的成绩，故步自封，必须根据新形势的要求，充分认识绿色社区建设的重要性，改变观念，统观全局，确立一个全方位的绿色社区构架体系，不断改进和完善绿色社区建设工作中的不足和缺陷，完善绿色社区管理的办法和制度，把绿色社区建设工作的管理纳入标准化、制度化、规范化的轨道，使绿色社区更能适应新时期环境保护管理工作的需要，为促进环保事业发展服务。

本书通过对国外"绿色社区"的分析研究，并对国内一些正在建设或已经建好的"绿色社区"进行了调研，总结了国外建设"绿色社区"的一些先进的管理模式和建设理念，以及中外"绿色社区"建设的差距。针对目前我国"绿色社区"尚存在的一些问题进行了探讨，并据此提出了一些建议，①社区居民的行为规范；②社区的资金来源及其管理；③通过政府政策进行引导，并适当地给予政策方面的优惠以及相应的法规方面的制定；④社区的生态环境保护和政府行为进行整合，通过政府行为的介入，使得社区绿色建设更加完善。建立和发展中国特色的绿色社区，对于增强我国的国际生态环境保护形象有着重要的意义。

参考文献

[1]   马克思恩格斯全集（第 3 卷）[M]. 北京：人民出版社，1960.

[2]   马克思恩格斯全集（第 42 卷）[M]. 北京：人民出版社，1979.

[3]   马克思恩格斯全集（第 46 卷）（上）[M]. 北京：人民出版社，1979.

[4]   马克思恩格斯选集（第 1 卷）[M]. 北京：人民出版社，1995.

[5]   马克思恩格斯选集（第 2 卷）[M]. 北京：人民出版社，1995.

[6]   马克思恩格斯选集（第 4 卷）[M]. 北京：人民出版社，1995.

[7]   马克思恩格斯选集（第 23 卷）[M]. 北京：人民出版社，1972.

[8]   胡锦涛. 高举中国特色社会主义伟大旗帜　为夺取全面建设小康社会新胜利而努力奋斗 [M]. 北京：人民出版社，2007.

[9]   胡锦涛. 坚定不移沿着中国特色社会主义道路前进　为全面建成小康社会而奋斗[M]. 北京：人民出版社，2012.

[10]   习近平. 习近平谈治国理政[M]. 北京：外文出版社，2014.

[11]   习近平. 携手推进亚洲绿色发展和可持续发展[J]. 光明日报，2010-04-01（01）.

[12]   习近平. 坚持节约资源和保护环境的基本国策　努力走向社会主义生态文明新时代[EB/OL]. 人民网，2013-05-25. http://politics.people.com.cn/n/2013/0525/c1024-21610299.html.

[13]   习近平. 建设绿色家园是人类的共同梦想[EB/OL]. 搜狐网，2016-04-07，http://news.sohu. com/ 20160407/n443600101.shtml.

[14]   李克强. 推动绿色发展　促进世界经济人类健康复苏和可持续发展[N]. 光明日报，2010-05-09（01）.

[15]   中共中央关于全面深化改革若干重大问题的决定[EB/OL]. 中国新闻网，2013-11-15，http://news. xinhuanet.com /2013-11-15/c_118164235.htm.

[16]   国务院. 全国生态环境建设规划[Z]. 中华人民共和国国务院公报，1998（29）.

[17]   国务院. 全国生态环境保护纲要[N]. 人民日报，2000-12-22（05）.

[18]   国家环境保护总局宣传教育中心. 全国绿色社区创建活动优秀案例汇编（一）[M]. 北京：中国环境科学出版社，2007.

[19] 中国环境与发展国际合作委员会秘书处. 绿色转型·科学发展的战略思考：中国环境与发展国际合作委员会 2007—2009 政策研究成果[M]. 北京：中国环境科学出版社，2010.

[20] 中国科学院可持续发展战略研究组. 2015 中国可持续发展报告——重塑生态环境治理体系[M]. 北京：科学出版社，2015.

[21] [美]德内拉·梅多斯，乔根·兰德斯，丹尼斯·梅多斯. 增长的极限[M]. 李涛，王志勇，译. 北京：机械工业出版社，1992.

[22] [德] F. 滕尼斯. 共同体与社会[M]. 林荣远，译. 北京：商务印书馆，1999.

[23] [美]丹尼尔·A. 科尔曼. 生态政治——建设一个绿色社会[M]. 梅俊杰，译. 上海：上海译文出版社，2002.

[24] [美]莱斯特·R. 布朗. 生态经济——有利于地球的经济构想. 林自新，等译. 北京：东方出版社，2002.

[25] [美]理查德·瑞吉斯特. 生态城市——建设与自然平衡的人居环境. 王茹松，胡苒，译. 北京：社会科学出版社，2002.

[26] [英]戴维·佩珀. 生态社会主义：从深生态学到社会正义[M]. 刘颖，译. 济南：山东大学出版社，2005.

[27] [美]约翰·贝拉米·福斯特. 生态危机与资本主义[M]. 耿建新，宋兴无，译. 上海：上海译文出版社，2006.

[28] [美]马修·卡恩. 绿色城市[M]. 孟凡玲，译. 北京：中信出版社，2007.

[29] [美]莱斯特·R. 布朗. B 模式 3.0——紧急动员 拯救文明[M]. 刘志广，等译. 北京：东方出版社，2009.

[30] [美]辛西娅·格林，雷纳德·凯利特. 小街道与绿色社区——社区与环境设计[M]. 范锐星，梁蕾，译. 北京：中国建筑工业出版社，2010.

[31] [美]范·琼. 绿领经济[M]. 北京：中信出版社，2010.

[32] [美]安妮·马克苏拉克.可持续发展：建设生态友好社区[M]. 付玉，王秋勉，等译. 北京：科学出版社，2011.

[33] 丁树荣. 绿色技术[M]. 南京：江苏科学技术出版社，1993.

[34] 刘思华. 当代中国的绿色道路[M]. 武汉：湖北人民出版社，1994.

[35] 丁元竹. 社区研究的理论与方法[M]. 北京：北京大学出版社，1995.

[36] 幸伟中. 二十一世纪的绿色浪潮[M]. 北京：冶金工业出版社，1996.

[37] 戴星翼. 绿色的发展[M]. 上海：复旦大学出版社，1998.

[38] 铁胜. 社区管理概论[M]. 上海：上海三联书店，2000.

[39] 刘思华. 生态文明与绿色低碳经济发展总论[M]. 北京：中国财政经济出版社，2000.

[40] 王汝华. 绿色社区建设指南[M]. 北京：同心出版社，2001.

[41] 刘思华. 绿色经济论[M]. 北京：中国财政经济出版社，2001.

[42] 连玉明. 学习型社区[M]. 北京：中国时代经济出版社，2001.

[43] 刘静玲. 绿色生活与未来[M]. 北京：化学工业出版社，2001.

[44] 徐乃雄. 城市绿地与环境[M]. 北京：中国建材工业出版社，2002.

[45] 程玉申. 中国城市社区发展研究[M]. 上海：华东师范大学出版社，2002.

[46] 刘思华. 刘思华文集[M]. 武汉：湖北人民出版社，2003.

[47] 邹进泰，熊维明，等. 绿色经济[M]. 太原：山西经济出版社，2003.

[48] 小林文人. 当代社区教育新视野：社区教育理论与实践的国际比较[M]. 上海：上海教育出版社，2003.

[49] 杨叙. 北欧社区[M]. 北京：中国社会出版社，2003.

[50] 刘思华，等. 绿色经济导论[M]. 北京：北京日报出版社，2004.

[51] 徐威，等. 绿色社区创建指南[M]. 北京：中国环境出版社，2004.

[52] 王青山，刘继同. 中国社区建设模式研究[M]. 北京：中国社会科学出版社，2004.

[53] 韩子荣，连玉明. 生态型社区[M]. 北京：中国时代经济出版社，2005.

[54] 陶传进. 环境治理：以社区为基础[M]. 北京：社会科学文献出版社，2005.

[55] 于雷，史铁尔. 社区建设理论与务实[M]. 北京：中国轻工出版社，2005.

[56] 白友涛. 城市社会建设新杠杆：社区民间组织研究[M]. 南京：东南大学出版社，2006.

[57] 刘思华. 生态马克思主义经济学原理[M]. 北京：人民出版社，2006.

[58] 阙忠东，杨采芹，张永忠. 环境友好型社区[M]. 北京：中国环境科学出版社，2006.

[59] 贾恭惠，何小民. 环境友好型政府[M]. 北京：中国环境科学出版社，2006.

[60] 徐艳梅. 生态学马克思主义研究[M]. 北京：社会科学文献出版社，2007.

[61] 刘仁胜. 生态马克思主义概论[M]. 北京：中央编译局，2007.

[62] 杨通进，高予远. 现代文明的生态转向[M]. 重庆：重庆出版社，2007.

[63] 孔德新. 绿色发展与生态文明——绿色视野中的可持续发展[M]. 合肥：合肥工业大学出版社，2007.

[64] 郭剑仁. 生态地批判——福斯特的生态学马克思主义思想研究[M]. 北京：人民出版社，2008.

[65] 陈学明. 生态文明论[M]. 重庆：重庆出版社，2008.

[66] 严耕，杨志华. 生态文明的理论与系统建构[M]. 北京：中央编译局，2009.

[67] 王秋艳. 中国绿色发展报告（NO.1）[M]. 北京：中国时代经济出版社，2009.

[68] 张智光，等. 绿色中国：理论、战略与应用[M]. 北京：中国环境科学出版社，2010.

[69] 张丽，刘建雄. 走向低碳时代——家庭社区绿色创建启示录[M]. 北京：中国环境科学出版社，2010.

[70] 徐义中. 低碳社区开发指南[M]. 北京：中国建筑工业出版社，2010.

[71] 刘思华. 生态文明与绿色低碳经济发展论丛[M]. 北京：中国财政经济出版社，2011.

[72] 李欣广. 生态文明与马克思主义经济理论创新[M]. 北京：中国环境科学出版社，2011.

[73] 陈银娥，高红贵，等. 绿色经济的制度创新[M]. 北京：中国财政经济出版社，2011.

[74] 方时姣. 最低代价生态内生经济发展[M]. 北京：中国财政经济出版社，2011.

[75] 王彦鑫. 生态城市建设：理论与实证[M]. 北京：中国致公出版社，2011.

[76] 黄保爱. 建设资源节约型和环境友好型政府研究[M]. 北京：人民出版社，2011.

[77] 胡鞍钢. 中国：创新绿色发展[M]. 北京：中国人民大学出版社，2012.

[78] 杨朝飞，[瑞典]里杰兰德. 中国绿色经济发展机制和政策创新研究[M]. 北京：中国环境科学出版社，2012.

[79] 黄杉. 城市生态社区规划理论与方法研究[M]. 北京：中国建筑工业出版社，2012.

[80] 叶文，薛熙明. 生态文明：民族社区生态文化与生态旅游[M]. 北京：中国社会科学出版社，2013.

[81] 贾卫列，杨永岗，朱明双，等. 生态文明建设概论[M]. 北京：中央编译出版社，2013.

[82] 王俊敏. 乡村生态社区的衰变与治理机制：理论与个案[M]. 北京：科学出版社，2013.

[83] 刘思华. 生态马克思主义经济学原理（修订版）[M]. 北京：人民出版社，2014.

[84] 王茹松. 生态县的科学内涵及其指标体系[J]. 生态学报，1999（6）.

[85] 时文音，赵丽晔，孙滨英. 建设城市绿色社区的策略研究[J]. 低温建筑技术，2002（4）.

[86] 杨钢. 建设可持续发展的"绿色社区"[J]. 四川行政学院学报，2003（1）.

[87] 胡小，艾莉. 人居金陵——南京市创建绿色人居环境社区侧记[J]. 环境导报，2003（2）.

[88] 丛澜，徐威. 创建省级绿色社区的思路及评价指标体系研究[J]. 福建环境，2003（5）.

[89] 李九生，谢志仁. 略论中国绿色社区建设[J]. 环境科学技术，2003（8）.

[90] 李静，王晓峰，权晓燕. 开发建设绿色生态社区问题初探[J]. 新疆师范大学学报，2004（3）.

[91] 石军，田慧. 创建绿色社区促进城市可持续发展[J]. 内蒙古环境保护，2004（4）.

[92] 张卫，张春龙. 居民需要什么样的社区文化[J]. 社区论坛，2004（10）.

[93] 何燕宁. 创建绿色社区构建和谐社会——环境保护公众参与的有效途径[J]. 内蒙古环境保护，2005（2）.

[94] 陈向阳. 公众参与机制与绿色社区创建[J]. 引进与咨询，2005（8）.

[95] 张林英，周永章，温春阳，等. 创建绿色社区促进生态城市建设[J]. 现代城市研究，2006（1）.

[96] 刘思华. 论生态马克思主义经济学提纲[J]. 理论月刊，2006（2）.

[97] 余进. 环境保护与绿色社区的创建[J]. 厦门科技，2006（2）.

[98] 刘波平. 建设绿色社区与构建和谐社会[J]. 黑龙江社会科学，2006（3）.

[99] 刘思华. 对建设社会主义生态文明论的若干回忆——兼述我的"马克思主义生态文明观"[J]. 中国地质大学学报（社会科学版），2008（7）.

[100] 刘思华. 中国特色社会主义生态文明发展道路初探[J]. 马克思主义研究，2009（3）.

[101] 刘思华. 科学发展观视域中的绿色发展[J]. 当代经济研究，2011（5）.

[102] 访联合国副秘书长、联合国环境规划署执行主任阿齐姆·施泰纳：我们能否迈向绿色经济？[N]. 中国环境报，2011-11-22（04）.

[103] 刘思华，方时娇. 绿色发展与绿色崛起的两大引擎——论生态文明创新经济的两个基本形态[J]. 经济纵横，2012（7）.

[104] 王玲玲，张艳国. "绿色发展"内涵探析[J]. 社会主义研究，2012（5）.

[105] 刘思华. 对建设社会主义生态文明论的再回忆——兼论中国特色社会主义道路"五位一体"总体目标[J]. 海派经济学，2013（12）.

[106] 高红贵，汪成. 论生态文明建设的生态经济制度建设[J]. 生态经济，2014（8）.

[107] 刘思华. 关于生态文明制度与跨越工业文明"卡夫丁峡谷"理论的几个问题[J]. 毛泽东邓小平理论研究，2015（1）.

[108] 曹华飞. 建设生态文明就是发展生产力[J]. 光明日报，2015-05-05（02）.

[109] 周龙. 小康要全面　生态是关键[N]. 光明日报，2015-04-30（02）.

[110] 于秀平. 社区卫生服务现状分析及发展策略研究[D]. 吉林大学，2004.

[111] 陈建国. 我国绿色社区建设研究[D]. 清华大学，2004.

[112] 李亚男. 低碳社区建设评价体系研究[D]. 北京交通大学，2014.

[113] Johnson Roger. The Green City. South Melbourne，[Vic.]：Macmillan Co. of Australia，1979.

[114] Sustainable Communities Information：a project of the Nova Scotia Environment and

Development Coalition.

[115] http://green.beelink.com.cn，"绿色社区标准"，"国外在废电池回收利用方面的状况".

[116] http://www.zjep.gov.cn/jy/，浙江绿色社区.

[117] http://eelink.net/eeactivities-urbanandbuiltenvironments.html，美国绿色社区建设.

[118] http://www.gca.ca/Story.html，加拿大绿色社区.

[119] http://www.oekozentrum-nrw.de，德国的绿色建设.

[120] http://www.sustainable.org/，社区网络.

[121] http://www.iscvt.org/，社区行动计划.

[122] http://www.ci.austin.tx.us/，城市绿色建设.

[123] http://www.chebucto.ns.ca，加拿大的绿色社区.

[124] http://www.susdev.org/，美国社区的发展.

[125] http://www.epagov/greenkit/.

附　录

附录1　关于进一步开展"绿色社区"创建活动的通知

国家环境保护总局

环发〔2004〕105号

各省、自治区、直辖市环境保护局（厅）：

自《2001—2005年全国环境宣传教育工作纲要》（以下简称《工作纲要》）提出开展"绿色社区"创建活动以来，许多省市进行了积极的探索和实践活动，取得了良好的效果。为不断提高公众的环境意识，提高社区环境管理与建设水平，促进城市环保工作与可持续发展，我局决定在全国进一步开展"绿色社区"创建活动。现通知如下：

一、各级环保部门应将"绿色社区"创建活动作为推进公众参与环境保护的有力措施，纳入工作计划，统一安排。通过开展"绿色社区"创建活动，树立人与自然和谐相处、自觉保护环境、选择绿色生活方式的文明风尚。

二、环保部门要与社区主管部门密切合作，在各级社区管理部门的支持与配合下，将开展"绿色社区"创建活动与建设"文明社区"相结合，纳入社区的日常管理工作。动员和指导社会各界力量，共同参与"绿色社区"创建活动。

三、各地根据《工作纲要》提出的创建"绿色社区"基本目标，结合本地实际情况，制定具体创建要求和评价标准，采取行之有效的方式方法，开展各具特色的活动，并在实践中不断加以丰富和创新。

四、为加强对"绿色社区"创建活动的指导，我局决定成立"绿色社区"创建指导委员会，印发《全国"绿色社区"创建指南（试行）》（见附件）。自 2005年起，每两年对活动中取得显著成效的"绿色社区"、表现突出的单位和个人进行表彰。

联系人：国家环保总局宣教办　林又槟

附件：1．"绿色社区"创建指导委员会名单（略）

　　　2．全国"绿色社区"创建指南（试行）

二〇〇四年七月十四日

附件二：

全国"绿色社区"创建指南（试行）

开展"绿色社区"创建活动，是为了将环境管理和环境保护的公众参与机制引入社区的全面发展。让环保贴近百姓，走进每个人的生活，增强公众的环境意识和文明素养，促进社区的环境建设和环境质量的改善。通过创建"绿色社区"，推动整个城市的环境建设，提高文明进步的水平。为了指导各地的 "绿色社区"创建活动，制定《全国"绿色社区"创建指南》（以下简称《指南》）。

《指南》介绍了创建"绿色社区"的基本内容和步骤，是开展创建活动的基本框架。各地在创建活动中，应根据当地实际情况，制订具体计划和办法。随着创建活动的不断深入和形势的发展，将对《指南》进行补充和完善，为巩固和改进"绿色社区"创建活动发挥更好的作用。

一、"绿色社区"创建过程

"绿色社区"创建模式比照国际标准化组织制定的 ISO 14000 环境管理系列标准，分为四个步骤：

（一）"绿色社区"创建的组织领导；

（二）制订"绿色社区"创建计划；

（三）实施"绿色社区"创建计划；

（四）自我检查与评估。

"绿色社区"创建过程是一个螺旋式上升、不断提高的过程。"绿色社区"创建在完成上述四个步骤后，社区环境质量与创建前相比较，应有一定的改善，社区居民整体环境意识应有所提高。但这些已取得的成绩并不是最终的目标，应以此为基础，提出新的、更高的目标加以实施，持续改进，使"绿色社区"创建水平不断提高，促进社区环境质量得到改善。

二、"绿色社区"创建内容

（一）"绿色社区"创建的组织领导

"绿色社区"创建活动应在各级政府的领导和支持下，环保部门进行指导和帮助，与有关部门合作共同推进，由社区管理部门结合社区建设的总体目标组织实施。成立"绿色社区"创建组织机构是"绿色社区"创建的前提。合理的人员组成、明确的职责分工和充分的资源是"绿色社区"创建持久开展的有力保障。组织机构的人员应掌握国家和地方有关的环境保护法律法规，有较高的环境意识和一定的环保知识，具有敬业精神，并重视提高自身能力。

1. 成立"绿色社区"创建领导机构

由街道牵头组织，成立"绿色社区创建委员会"或"绿色社区创建联席会""绿色社区创建领导小组"等领导机构，领导职务由街道办事处负责人担任，成员可来自街道办事处的社区办、文明办、城建科、宣传部、妇联等职能部门，对应的社区居（家）委会、社区物业公司，以及当地环保部门、环卫部门、区内和周边学校、环保民间组织和驻社区单位等，有条件的地方也可请媒体、学术机构的代表参加。另外，还可聘用环保积极分子担任义务"绿色社区督导员"，协助领导机构开展工作。

职责：制订街道或社区的"绿色社区"创建方案；参与和指导"绿色社区"创建执行机构，制订计划并监督实施；提供必要的资源保障；做好宣传工作，为创建"绿色社区"营造良好的氛围；发挥监控功能，对各社区工作实施定期检查、纠错、验证和评估，确保"绿色社区"创建水平不断提高；做好"绿色社区"创建工作重要环节的记录和归档；组织与有关部门、其他社区、国内外社会团体的交流活动，举办和组织参加有关的环保活动。

2. 成立"绿色社区"创建执行机构

以社区为单位，根据社区管理的不同模式，执行机构可由居（家）委会或物业管理公司牵头〔注 1〕，也可由居（家）委会和物业管理公司共同牵头，并明确具体联系人。成员应来自居（家）委会、物业公司、居民代表、区内和周边学校、驻社区单位等。

职责：制订"绿色社区"创建计划并实施；定期进行自我检查，落实相应措施；建立规范、完整的"绿色社区"创建档案。应善于发现和利用社区内的人力资源，并加强与各种环保团体的联系。邀请有关专家和环保志愿人士，协助制订工作计划，策划各项环保活动。

3. 组建绿色志愿者队伍

组建一支以居民为主体的绿色志愿者队伍，根据实际需要确定规模，成员包括离退休人员、学生、在职人员等热心环保的人士；也可组建几支绿色志愿者队伍，如：红领巾小分队、巾帼小分队、夕阳红小分队等。

职责：担任"绿色社区"创建的具体工作和监督任务，以身作则，积极参与各类环保活动；及时向执行机构反映居民对"绿色社区"创建工作的意见和建议，向居民发布最新动态，发挥管理部门与居民之间的纽带作用。

4. "绿色社区"组织机构人员的学习和培训

组织机构人员应定期参加学习和培训，不断获取环保知识，提高工作能力，以保证"绿色社区"创建持续、有效地开展。比如：在创建前，主要人员应先通过学习和培训，了解"绿色社区"的内容和创建步骤，保证"绿色社区"创建的顺利进行，而不能只停留在对"绿色社区"的理解层面。

培训的形式可多样化，比如：课堂培训、自学环保知识、实地参观考察、参加环保交流等，要注重培训效果，进行必要的考核。

5. 建立"绿色社区"创建档案

创建档案要以实际工作为基础，记录"绿色社区"创建的真实情况，建立完整、规范的"绿色社区"创建档案。要有当地环境状况、污染源状况、居民用电和用水量、绿地面积等原始记录，并包括创建工作的会议记录、活动介绍和阶段性工作总结等。档案形式包括文字、图片和音像资料等。

（二）制订"绿色社区"创建计划

根据社区的现实情况和今后的发展，结合国家和地方对社会发展与环保法律法规的要求，制订短期（半年至一年）和中长期（三年至五年）"绿色社区"创建计划。通过召开居民代表大会、张贴公告等方式公开征求社区居民的意见和建议，加以修订和完善。制定的计划和执行方案要具有科学性和可行性，是实施"绿色社区"创建计划的依据。

不同条件的社区制订计划的侧重点有所不同。比如基本条件较差，环境问题突出的社区，可考虑加强环境建设；新建社区基础设施较好，就可把"绿色社区"创建工作重点放在环境文化建设和引导居民选择绿色生活方式上。

1. 社区环境状况调查

首先对社区情况进行全面调查，掌握社区内和社区周边环境的基本情况，了解社区居民对创建"绿色社区"的意见和社区内单位的状况，进行必要的沟通。

"绿色社区"创建执行机构可采取召开座谈会、访谈、问卷调查等多种形式了解居民环境意识，掌握社区环境状况，准确地识别出环境基本建设、环境文化建设、居民绿色行为等方面的环境因素〔注 2〕，结合未来发展趋势，将居民最关心的重要环境因素列入近期实施方案，并明确近期任务和中长期发展方向，制订合理可行的实施计划。

2. "绿色社区"的环境建设

根据当地的自然条件和社会条件，结合人、财、物的投入情况，分阶段、有步骤地进行社区污染治理、节水节能和环保型的基建工程、设备改造、宣传设施等建设项目。社区建设项目环保"三同时"制度〔注 3〕执行率为 100%，环保设施运行正常，达标排放。

善于利用各方面的资源，充分调动共建单位和有关方面的积极性。

社区内的新建项目决策透明，居民参与决策过程。

3. 社区的重要环境问题

对社区存在的一些重要环境问题进行集中整治，彻底解决。必要时，可通过请上级部门出面协调、媒体报道等方式协助解决。如：针对大气污染严重情况，对燃烧散煤的锅炉、茶炉等进行淘汰、改型，杜绝焚烧垃圾、树叶；针对水资源短缺和水污染问题，建立水资源合理利用的渠道并采取治理措施。

4. 资源、能源的有效利用

积极宣传节约资源和能源，倡导使用绿色能源〔注 4〕；尽可能安装和使用节能电器；尽量采用日光照明；在社区内定期组织开展家庭旧物交易等资源再利用活动。

5. 水资源利用和污水处理

引导居民和单位节约用水。尽可能安装和使用节水器具；采用适宜的方式进行雨水收集；使用中水浇灌绿地，采用喷灌等节水技术；尽量避开在水分蒸发快的时间段浇水；杜绝因管理不善导致的跑、冒、滴、漏等现象。

尽量少产生污水，提倡一水多用和水的循环利用；生活污水排入市政污水处理厂或自行处理后达标排放；逐步实行雨水、污水分流。

社区指定专门的节水管理员。

6. 大气污染的防治

对社区内企业、家庭炉灶、餐馆及其他大气污染源进行有效监管；尽量减少烟尘排放，无露天烧烤和焚烧垃圾现象；施工和室内装修时选择使用环保型材料，并防止扬尘排放。配合有关部门宣传汽车的污染与防治。

7. 噪声污染的防治

制定防止噪声的规定，杜绝噪声扰民现象。如：要求社区内的商店、娱乐场所不得进行高分贝的广播或采取有效隔音措施；要求离居民住宅近的噪声源修建隔音墙；对建筑施工、室内外装修等要有施工时间规定，避开居民休息时段，并且尽可能降低或消除噪声。向居民宣传不要发出噪声妨害他人的休息和生活。

8. 固体废物的处理和处置

居民的生活垃圾和驻社区单位、学校的垃圾，以及落叶等是社区的固体废物主要来源。固体废物"减量化"和"无害化"是指导固体废物处理、处置的基本思想。

倡导减少固体废物，积极参与垃圾的分类回收。

做好固体废物的分类投放和分类清运与处理处置。目前还不能进行分类清运与处理处置的地方，应该实行垃圾袋装，定时定点投放，并及时清运。

分类投放处要设有明显的、易理解的分类说明标志。

分类参考 A：废纸回收桶、废塑料和废纺织物回收桶、废金属和废玻璃回收桶和废弃物回收桶。

分类参考 B：可回收垃圾桶、不可回收垃圾桶。

可回收垃圾指废纸、废塑料、废金属、废玻璃和废纺织物等。

不可回收垃圾指厨房垃圾、果皮果壳等易腐烂垃圾。

医院、科研单位、工厂和学校等产生的有毒有害垃圾的处置应受到监视。

有毒有害垃圾指放射性物质、过期药品、盛装杀虫剂的瓶罐、废旧电子元件、废电池、废灯管灯泡等。

了解固体废物处理和处置情况，确保有毒有害垃圾交给有资质的单位进行处理和处置。

向居民进行垃圾分类的指导。

促进城市管理部门尽快实施垃圾分类回收。

9. 其他污染的防治

如果存在其他的污染源，如光污染、电磁辐射污染、家居污染等污染源，要采取有力措施加以防治，向有关部门反映。向居民宣传有关科学知识。

10. 社区内公共场所

社区整体环境整洁、优美、宁静。提倡维护公共场所环境人人有责。动员绿色志愿者进行监督检查。

应保持并在条件允许的情况下扩大绿化面积，可绿化面积的绿化覆盖率逐步达到100%；绿化有专人养护并保持完好；社区内植物有名称、科属、特性、栽培方法等说明标志；自然条件适宜的地方，提倡阳台绿化、屋顶绿化和围墙绿化等立体绿化方式；消灭虫害应尽量采用物理方法，或使用高效、低毒、低残留杀虫药剂。

社区内停车场、商店、餐饮、娱乐场所和菜市场等功能区布局合理；空调器、换气扇、油烟排放等设备的安装避免污染扰民；社区内的道路指示清晰，车辆行驶与停放井然有序。

建议：尽量维护当地自然的绿化状态，植物树种选择应以乡土树种和体现地带性植被景观为原则，即尽可能使用当地的草种和树种。在缺水的地方，绿化提倡以种树为主。

11. 社区周围地区

社区在创建"绿色社区"的过程中，还应关注社区的周围地区，监督对本区有影响的社区外的噪声、大气、水和其他污染源。通过"绿色社区"创建工作，带动周围地区的环境得到改善。

12. "绿色社区"的环境文化

居民环境意识、绿色生活方式、自觉保护环境、与自然和谐相处风尚的形成是环境文化的体现，也是"绿色社区"创建活动的重要内容。应当围绕这些内容，开展各种形式的宣传教育活动。

13. 环境宣传设施建设

充分利用社区内的宣传栏、黑板报、环境警示教育牌、提示牌和壁画、雕塑等设施营造"绿色社区"创建氛围、普及环境科学知识并及时更新内容；传递最新环境信息，特别是关于社区居民的活动；可定期或不定期地出版关于"绿色社区"创建的简报；对一些树木，如古树或名贵树木等，悬挂说明牌；有条件的地方应建立寓教于乐的环境文化场所或有环保示范作用的景点。

14. 对居民的环境宣传教育和培训

利用社区居民活动站、市民学校、老年大学或区内及周边学校、单位的场地等，举办讲座、播放音像资料、传阅环保图书和举办小型图片展等活动，向居民介绍环保健康生活小常识，讲授通俗易懂的环境科学知识等。

设立环保资料借阅点，逐步增加环保类报纸杂志、书籍和音像资料的数量，可在已有的管理处、文化活动中心或阅览室腾出专门书架作为绿色书架，摆放环境类报刊和书籍，也可开辟专门的环保资料借阅室。

结合环境纪念日，每月至少组织一次"绿色社区"活动。如"六·五"世界环境日主题宣传、环保装修专题讲座、绿地认养、发倡议书、环保知识竞赛、观鸟活动、"环保一日游"等，组织居民参观垃圾填埋厂、污水处理厂、生态农场和植物园等环境教育基地。利用各种机会向居民进行环境宣传教育。

组织居民间的相互交流活动，交流生活中的环保知识和节水节能小窍门，推广绿化养护经验等。

对社区内的家庭服务员、保安员、清洁员等，进行专门的环保培训。

15. 环境信息的获取

获取充分的环境信息，对制订"绿色社区"创建计划，改进社区的环境管理非常有益。应建立通畅的获取环境信息的途径，从当地环保部门或媒体、网站获取各种环境质量数据、法律法规、建设项目环境影响审批等环境信息。

16. "绿色社区"创建的激励

对积极参与"绿色社区"创建工作表现突出的，应当受到社区和居民的肯定与尊敬，并给予奖励。如在社区内评选绿色楼道、绿色家庭、绿色标兵、绿色小天使、"绿色社区"创建贡献奖等；也可采用光荣榜、通报表扬等方式，鼓励居民参与到"绿色社区"创建中来。对不好的行为应当提出批评，树立"保护环境光荣，破坏环境可耻"的风气。

17. 与社区内的学校、单位进行共建

学校是创建"绿色社区"的重要合作伙伴，要充分利用学校的各种资源，推进"绿色社区"创建活动，社区也应协助学校开展环境教育的社会实践和创建"绿色学校"工作。

充分调动和利用驻社区单位的资源，共同开展"绿色社区"创建工作。

倡导社区内的商店、菜市场和餐馆等单位经营绿色食品、有机食品和环保标志商品；不经销国家禁止销售的保护动物；尽量不用或少用塑料袋、木制方便筷等一次性物品，鼓励居民使用布袋和菜篮子购物；敦促理发店、洗衣店、旅馆等用水大户严格执行节水要求。

18. 社区居民的绿色行为

崇尚绿色生活方式，选择绿色消费行为；关心环境质量，监督环境执法，参与政策制定；抵制破坏环境的行为；从身边的事做起，从一点一滴做起，在家庭、社区、单位、学校等场所，以绿色的行为自律。运用法律手段维护自身合法的环境权益。

19. 社区特色〔注 5〕

20. 制订出"绿色社区"创建计划

在考虑以上诸因素的情况下，制订"绿色社区"创建计划。为了确保计划顺利实施，应制定"绿色社区"的管理办法和制度，也可与社区已有的管理制度相结合。

（三）实施"绿色社区"创建计划

创建计划的实施，重在抓实事，解决问题，扩大影响。实施的过程，也是公众共同参与的过程，包括社区管理者、居民、志愿者、专家、学生和驻区单位员工等。创建活动应向社会公开，欢迎参观，欢迎指导，欢迎批评，欢迎宣传。积极开展社区间、社区与社会的交流与合作。

必要时，可结合实践经验对制订的计划做适当调整。

（四）自我检查与评价

在实施过程中应对照创建计划经常进行自我检查，不足之处加以改进，并定期进行评估，使"绿色社区"创建取得最佳成效。采取多种听取社区成员特别是居民意见的方式，通过了解他们对社区环境的满意度，建立完善的监督机制，确保"绿色社区"创建得以有效开展。

1. 社区环境状况满意度调查

执行机构可通过问卷、随机询问等方式，经常调查了解居民对社区环境的满意度，以便有针对性地加以改进。

2. 社区居民的监督和纠正

社区居民应主动对不符合"绿色社区"要求的行为进行监督，并加以纠正。绿色志愿者更应在其中起模范带头作用。

3. 执行机构内部的监督

"绿色社区"创建执行机构应建立内部监督制度，来判定计划的实施是否达到预期的目的，及时发现问题，并加以整改。

4. 领导机构对"绿色社区"创建的定期评价

"绿色社区"创建领导机构要定期对"绿色社区"创建活动进行评价，对上一阶段工作进行总结，对不足之处加以改进，完善下一阶段的工作计划，确保"绿色社区"创建的有效性和持续性。

社区应积极参加区级（包括区级）以上"绿色社区"创建领导机构组织开展的评价工作，弄清自身创建的成绩与不足，并借助外部力量来推进"绿色社区"的创建。

评价的原则为：

（1）评价以创建计划的完成情况为主，着重在原有水平上的不断提高与创新；

（2）评价应吸收社区代表、参与"绿色社区"创建的有关部门、民间组织和有关专家参加；

（3）评价对象包括社区管理部门、驻社区单位和学校、居民等。

〔注1〕在社区建设的发展趋势中，物业公司将扮演越来越重要的角色。居（家）委会与物业公司的合作情况，物业公司在"绿色社区"创建中的参与度，在很大程度上决定着"绿色社区"创建的成效和持久性。同时，物业公司应认识到"绿色社区"创建也会为自身管理和经营带来声誉与效益。

〔注2〕社区的环境因素是指社区的活动或服务中能与环境发生相互作用的要素，可分为"绿色社区"基本建设、"绿色社区"环境文化建设和居民绿色行为三个部分。（每个部分没有先后之分）。

〔注3〕"三同时"制度是指创建项目中的环境保护设施必须与主体工程同时设计、同时施工、同时使用的制度。社区的建设、改造工程应及时到环保部门申报有关手续，并采取相应的污染防治措施。

〔注4〕绿色能源指可再生能源，如太阳能、风能、地热能、废热资源等。

〔注5〕本指南预留了社区特色项。社区特色是指社区结合自身的人文、地域等特点，善于创新，内容详实丰富，形成自己的特色，可以通过活动、独特的社区文化等多种形式来体现。

附录 2　关于推荐表彰 2005 年全国绿色社区有关工作的通知

国家环境保护总局办公厅

环办函〔2005〕216 号

各省、自治区、直辖市及计划单列市环境保护局（厅）：

"十五"期间，全国"绿色社区"创建活动在促进城市精神文明建设、提高社区环境管理水平、增强公众参与保护环境和选择"绿色生活方式"的自觉性等方面，产生了越来越大的影响，得到社会广泛的理解与支持，涌现出了一批成绩突出、具有典型示范意义的先进"绿色社区"。根据《关于进一步开展绿色社区创建活动的通知》（环发〔2004〕105 号），我局决定 2005 年对"绿色社区"创建活动中表现突出的社区、优秀组织单位和先进个人进行表彰，以鼓励先进，推进创建活动不断发展。请你们根据本地区"绿色社区"创建活动开展的实际情况，于 2005 年 5 月 10 日前将申报表格等有关推荐材料，报送全国"绿色社区"创建指导委员会办公室。

附件一：2005 年全国绿色社区表彰推荐办法

附件二：2005 年全国绿色社区表彰评估标准

附件三：2005 年全国绿色社区表彰名额分配表

附件四：2005 年全国绿色社区表彰申报表（word 文档）（略）

附件五：2005 年全国绿色社区表彰优秀组织单位申报表（word 文档）（略）

附件六：2005 年全国绿色社区表彰先进个人申报表（word 文档）（略）

联系人：陈瑶、焦志强

地址：北京市朝阳区育慧南路 1 号，国家环保总局宣教中心

邮编：100029

二○○五年四月八日

附件一：

2005 年全国绿色社区表彰推荐办法

第一条　国家环保总局从 2005 年起，每两年表彰一批在"绿色社区"创建活动中表现突出的社区、优秀组织单位和先进个人。

第二条　按照《2005 年全国绿色社区表彰评估标准》，综合考核成绩在 85 分以上的社区可以申报全国"绿色社区"的表彰；优秀组织单位为积极参与"绿色社区"创建，且成绩显著的有关部门；先进个人为社区、有关部门在创建"绿色社区"工作中表现突出的人员。

第三条　2005 年全国"绿色社区"表彰规模及名额分配的确定，以鼓励参与、实事求是为原则。每个省、自治区、直辖市可推荐 1 个优秀组织单位、2 名先进个人。

第四条　国家环保总局成立 2005 年全国"绿色社区"表彰领导小组，下设领导小组办公室，负责全国"绿色社区"表彰的指导、协调和组织评审、抽查等工作；办公室聘请环保工作者、社区工作者、教育工作者、环保志愿者等各有关方面人士为专家，参与表彰的咨询、评审、抽查等工作。

第五条　由各省、自治区、直辖市环保局（厅）负责组织、汇总、筛选、审定本地区的"绿色社区"、优秀组织单位和先进个人推荐名单，详细填写申报表格和整理申报材料，集中报送到 2005 年全国"绿色社区"表彰领导小组办公室。

第六条　申报表格和材料应包括《2005 年全国绿色社区表彰申报表》《2005年全国绿色社区表彰优秀组织单位申报表》《2005 年全国绿色社区表彰先进个人申报表》、文字总结材料（A4 纸）、图片资料各一式三份，并附以上材料的光盘或软盘一份；声像材料光盘或录像带一份。申报表格和材料必须使用原章，复印无效。有关申报表格可从 http：//www.chinaeol.net/lssq 下载。

第七条　为保持受到表彰的全国"绿色社区"的示范作用，国家环保总局"绿色社区"创建指导委员会将在适当时候进行复查，对不符合要求的，报请国家环保总局取消其荣誉称号。

附件二：

2005 年全国绿色社区表彰评估标准

一、基本条件

1. 居民对社区环境状况满意率大于 80%

2. 小区居民户数应具有一定规模小区居民一般应达 2 000 户，新建小区入住率达 80%。

3. 各种污染源全部实现达标排放

严格遵守环境保护的法律法规，无违反环保法律法规的行为，没有环境纠纷或纠纷问题得到了合理解决。

二、健全的环境管理和监督机制

1. 成立创建领导机构

领导机构由街道牵头组织，街道办事处的社区办、文明办、城建科、宣传部、妇联等职能部门及环保、学校和驻社区单位等相关单位组成。

2. 成立创建执行机构

执行机构以社区为单位，由居（家）委会或物业管理公司、居民代表、学校和驻社区单位的相关人员组成。

3. 制订创建工作计划和实施方案

在社区工作计划中环境保护工作有专门的内容，有创建"绿色社区"的具体措施，并按照计划将任务落实到相关部门，责任落实到人。

4. 建立创建工作档案记录

社区基础资料齐全，创建工作计划和实施方案、会议记录、活动介绍、阶段工作总结、背景资料完整，并附有照片、音像资料等。档案有专人负责，管理有序。

5. 建立"绿色志愿者"队伍

建立一支或几支以社区居民为主体的"绿色志愿者"队伍，并积极开展活动。

6. 定期组织机构人员的学习和培训

以课堂培训、实地考察、参加交流活动等方式，组织领导机构和执行机构的人员进行学习和培训。

7. 建立环境管理协调机制

建立与政府部门、居民、驻社区单位定期召开联席会议的制度，共同商讨社区内的环境事务，并将创建计划和实施方案以居民大会、张贴公告等方式公开征求居民的意见或告知，环境投诉问题得到有效解决。

8. 建立可持续改进的自我完善体系

社区按阶段进行自评和总结，对出现的问题进行纠正，自我完善，建立健康持续的改进机制。

三、防治社区环境污染

1. 生活污水排放符合环保要求

生活污水排入市政管网或有污水处理设施并达标排放；新建社区实行雨污分流。

2. 实行生活垃圾分类回收

生活垃圾袋装化，有分类回收装置和明显标志，定点存放，日产日清。居民都能按照要求分类投放垃圾。

3. 无噪声扰民环境问题

社区内施工及装修严格遵守国家法律法规和工作时间制度，不在居民休息时间使用噪声大的设备。

四、社区环境整洁优美

1. 社区环境整洁

各种公共设施保持完好，各个公共场所的环境管理有序；车辆无乱停乱放，机动车有环保标志；无露天市场和违章建筑；无乱张贴；无违法搭建、流动摊亭；无焚烧垃圾、树叶、露天烧烤等现象；饮食服务业油烟经过处理并达标排放，无扰民现象；社区内无冒黑烟情况，居民不购买、不使用散煤；建筑、拆迁、市政等工程采取防尘措施。

2. 社区绿化美化舒适

社区可绿化面积达到35%以上，无毁绿现象，对古树和名树加以重点保护；社区内有宽松的休闲、娱乐、活动的公共场所。

五、积极开展环境宣传教育

1. 环境宣传措施到位

社区设有固定环保橱窗、宣传栏；及时发布环境信息；每年至少组织 2 次 100 名以上居民参加的环保活动。

2. 环境教育制度完善

社区内有环境宣传教育的设施；社区内有 30 种以上的环保类书籍、音像及图文资料；结合社区实际以环保课堂、参与活动、实地考察等形式对居民进行经常性环境教育，每季度至少 1 次。

六、居民环境意识高

1. 社区居民环境意识较高，自觉保护环境

社区内各单位和居民能自觉遵守环保法规；居民爱护社区内环保和其他公共设施；对列入国家保护名录的野生动植物，无销售、食用现象；居民自觉采取节水、节电、资源循环利用等有益于环保的行为。

2. 使用环保型商品

社区内单位和居民不使用一次性发泡餐具；提倡使用获得环境标志或节能标志等对环境友好的无磷洗衣粉、冰箱、空调等环保电器。

七、附加分

1. 获得过国家级、省级政府命名表彰的文明社区、社区建设示范区、生态小区、安静小区等。

2. 已通过 ISO 14000 环境管理体系认证。

3. 社区特色

社区结合自身人文、地域等特点，开展特色活动并取得良好效果。社区建设的规划和设计符合生态环保要求，使用了环保的建筑材料和节能的设备。

八、评分标准及考核方式

	总分	内容	分数	考核方式	评分标准	考评成绩
基本条件	20	1. 居民对社区环境满意率大于80%	2	发放问卷抽样调查	达到标准的计2分，未达到标准不能被表彰	
		2. 小区居民户数应具有一定规模居民户数一般应达到2 000户，新建小区入住率达80%	2		达到标准的计2分，未达到标准不能被表彰	
		3. 各种污染源全部实现达标排放	16	检查环境监测等及材料相关文件	达到标准的计2分，未达到标准不能被表彰	
健全的环境管理和监督机制	30	1. 成立创建领导机构	4	检查机构人员组成及分工情况，出示相关文件、档案	未成立扣4分	
		2. 成立创建执行机构	4	检查机构人员组成及分工情况，出示相关文件、档案	未成立扣4分	
		3. 制订创建工作计划和实施方案并落实到部门及人	4	计划切实可行，目标清晰，措施有力，落实到位	未定计划扣2分，计划不完整扣1分未落实到部门和人口2分	
		4. 建立创建工作档案记录	4	检查有关文件	未建档案扣分，档案不全依程度扣1～3分	
		5. 建立"绿色志愿者"队伍	4	检查名单及活动介绍	未有志愿者队伍扣4分，作用不强扣2分	
		6. 定期组织机构人员的学习和培训	4	检查培训记录、问卷调查、现场考核	未组织培训扣4分	
		7. 建立环境管理协调机构	4	检查相关文件、听取汇报、走访居民	制度未建立的扣4分，有制度但环境投诉问题未得到有效解决的扣2分	
		8. 建立可持续改进的自我完善体系	2	检查文件、听取汇报	未建立体系的扣2分	
防治社区环境污染	10	1. 生活污水排放符合环保要求	2	检查监测报告，现场检查	不符合要求扣2分	
		2. 实行生活垃圾分类回收①生活垃圾袋装化；②有分类回收装置和明显标志，定点存放，日产日清；③居民都能按照要求分类投放垃圾	6	现场检查，走访居民	缺一项扣2分	
		3. 无噪声扰民环境问题，达到国家安静小区标准	2	现场检查，走访居民	不符合要求扣2分	

	总分	内容	分数	考核方式	评分标准	考评成绩
社区环境整洁优美	12	1. 社区环境整洁 ①各种公共设施保持完好，各个公共场所环境管理有序；②车辆无乱停乱放，机动车有环保标志；③无露天市场和违章建筑；④无乱张贴；⑤无违法搭建、流动摊亭；⑥无焚烧垃圾、树叶、露天烧烤等现象；⑦餐饮服务业油烟经过处理并达标排放；⑧社区内无冒黑烟情况，居民不购买、不使用散煤；⑨建筑、拆迁、市政等工程采取防尘措施	9	现场检查	缺一项扣1分	
		2. 社区绿化美化舒适 ①社区可绿化面积达到35%以上；②无毁绿现象，对古树和名树加以重点保护；③社区内有宽松的休闲、娱乐、活动公共场所	3	现场检查	缺一项扣1分	
积极开展环境宣教	10	1. 环境宣传措施到位 ①社区设有固定环保橱窗、宣传栏、环境警示牌等；②及时发布环境信息；③每年至少组织2次100名以上居民参加的环保活动	5	现场检查，查看活动记录	缺一项扣2分，全缺扣5分	
		2. 环境教育经常化 ①社区开展了绿色家庭、绿色消费等活动；②社区内有30种以上的环境类书籍、音像及图文资料；③结合社区实际以环保课堂、参与活动、实地考察等形式对居民进行经常性环境教育，每季度至少1次	5	现场检查，查看活动记录及相关资料	缺一项扣2分，全缺扣5分	

	总分	内容	分数	考核方式	评分标准	考评成绩
居民环境意识高	8	1. 社区居民环境意识高，自觉保护环境 ①社区内各单位和居民能自觉遵守环保法规；②居民爱护社区内环保及其他公共设施；③对列入国家保护名录的野生动植物，无销售、食用现象；④居民自觉采用节水、节电、资源循环利用等环保行为	4	问卷调查，走访居民，现场检查	缺一项扣1分	
		2. 使用环保型商品 ①社区内单位和居民不使用一次性发泡餐具；②提倡使用获得环境标志或节能标志等环境友好型的无磷洗衣粉、冰箱、空调等环保电器	4	现场检查，检查数据统计记录，问卷调查	问卷调查合格率低于80%，扣3分，低于60%，扣4分	
附加分	10	1. 获得过国家级、省政府命名表彰的社区，如文明社区、社区建设示范区、生态小区、安静小区	3	检查有关命名表彰文件	获得过一项命名表彰可得2分，满分3分	
		2. 已通过 ISO 14000 环境管理体系认证	4	检查审核文件		
		3. 社区特色 ①社区结合自身人文、地域等特点，开展特色活动并取得良好效果；②社区建设的规划与设计符合生态环保要求，使用了环保的建筑材料和节能设备	3	检查有关文件，实地走访	根据实际情况每项得2分，满分3分	

附件三：

2005 年全国绿色社区表彰名额分配表

序号	地区	名额	序号	地区	名额
1	北京	2	17	湖北	2
2	天津	2	18	湖南	4
3	河北	2	19	广东	7（含深圳 3）
4	山西	1	20	广西	3
5	内蒙古	1	21	海南	1
6	辽宁	5（含大连 1）	22	重庆	3
7	吉林	3	23	四川	2
8	黑龙江	3	24	云南	2
9	上海	3	25	贵州	2
10	江苏	5	26	西藏	1
11	浙江	7（含宁波 2）	27	陕西	4
12	福建	7（含厦门 3）	28	甘肃	1
13	江西	2	29	宁夏	2
14	安徽	2	30	青海	1
15	山东	6（含青岛 1）	31	新疆	2
16	河南	3	总计		91

附录3　关于印发《生态县、生态市、生态省建设指标（修订稿）》的通知

国家环境保护总局

环发〔2007〕195号

各省、自治区、直辖市环境保护局（厅），新疆生产建设兵团环境保护局：

生态示范创建工作是落实科学发展观，推进生态文明建设的有效载体。为贯彻落实党的十七大精神，进一步深化生态县（市、省）建设，我局组织修订了《生态县、生态市、生态省建设指标》。现印发给你们，请结合实际，加强组织协调，求真务实，坚持标准，严格把关，扎扎实实地抓好生态示范创建工作。

附件：生态县、生态市、生态省建设指标（修订稿）

二○○七年十二月二十六日

附件：

生态县、生态市、生态省建设指标（修订稿）

一、生态县（含县级市）建设指标

1. 基本条件

（1）制订了《生态县建设规划》，并通过县人大审议、颁布实施。国家有关环境保护法律、法规、制度及地方颁布的各项环保规定、制度得到有效的贯彻执行。

（2）有独立的环保机构。环境保护工作纳入乡镇党委、政府领导班子实绩考核内容，并建立相应的考核机制。

（3）完成上级政府下达的节能减排任务。三年内无较大环境事件，群众反映的各类环境问题得到有效解决。外来入侵物种对生态环境未造成明显影响。

（4）生态环境质量评价指数在全省名列前茅。

（5）全县80%的乡镇达到全国环境优美乡镇考核标准并获命名。

2. 建设指标

	序号	名称	单位	指标	说明
经济发展	1	农民年人均纯收入 　经济发达地区 　　县级市（区） 　　县 　经济欠发达地区 　　县级市（区） 　　县	元/人	≥8 000 ≥6 000 ≥6 000 ≥4 500	约束性指标
	2	单位 GDP 能耗	吨标煤/万元	≤0.9	约束性指标
	3	单位工业增加值新鲜水耗 农业灌溉水有效利用系数	m³/万元	≤20 ≥0.55	约束性指标
	4	主要农产品中有机、绿色及无公害产品种植面积的比重	%	60	参考性指标
生态环境保护	5	森林覆盖率 　山区 　丘陵区 　平原地区 　高寒区或草原区林草覆盖率	%	≥75 ≥45 ≥18 ≥90	约束性指标
	6	受保护地区占国土面积比例 　山区及丘陵区 　平原地区	%	≥20 ≥15	约束性指标
	7	空气环境质量	—	达到功能区标准	约束性指标
	8	水环境质量 近岸海域水环境质量	—	达到功能区标准，且省控以上断面过境河流水质不降低	约束性指标
	9	噪声环境质量	—	达到功能区标准	约束性指标
	10	主要污染物排放强度 　化学需氧量（COD） 　二氧化硫（SO_2）	kg/万元（GDP）	<3.5 <4.5 且不超过国家总量控制指标	约束性指标
	11	城镇污水集中处理率 工业用水重复率	%	≥80 ≥80	约束性指标
	12	城镇生活垃圾无害化处理率 工业固体废物处置利用率	%	≥90 ≥90 且无危险废物排放	约束性指标
	13	城镇人均公共绿地面积	m²	≥12	约束性指标

	序号	名称	单位	指标	说明
生态环境保护	14	农村生活用能中清洁能源所占比例	%	≥50	参考性指标
	15	秸秆综合利用率	%	≥95	参考性指标
	16	规模化畜禽养殖场粪便综合利用率	%	≥95	约束性指标
	17	化肥施用强度（折纯）	kg/hm²	<250	参考性指标
	18	集中式饮用水源水质达标率 村镇饮用水卫生合格率	%	100	约束性指标
	19	农村卫生厕所普及率	%	≥95	约束性指标
	20	环境保护投资占 GDP 的比重	%	≥3.5	约束性指标
社会进步	21	人口自然增长率	‰	符合国家或当地政策	约束性指标
	22	公众对环境的满意率	%	>95	参考性指标

二、生态市（含地级行政区）建设指标

1. 基本条件

（1）制订了《生态市建设规划》，并通过市人大审议、颁布实施。国家有关环境保护法律、法规、制度及地方颁布的各项环保规定、制度得到有效的贯彻执行。

（2）全市县级（含县级）以上政府（包括各类经济开发区）有独立的环保机构。环境保护工作纳入县（含县级市）党委、政府领导班子实绩考核内容，并建立相应的考核机制。

（3）完成上级政府下达的节能减排任务。三年内无较大环境事件，群众反映的各类环境问题得到有效解决。外来入侵物种对生态环境未造成明显影响。

（4）生态环境质量评价指数在全省名列前茅。

（5）全市 80% 的县（含县级市）达到国家生态县建设指标并获命名；中心城市通过国家环保模范城市考核并获命名。

2. 建设指标

	序号	名称	单位	指标	说明
经济发展	1	农民年人均纯收入 　经济发达地区 　经济欠发达地区	元/人	≥8 000 ≥6 000	约束性指标
	2	第三产业占 GDP 比例	%	≥40	参考性指标
	3	单位 GDP 能耗	t 标煤/万元	≤0.9	约束性指标
	4	单位工业增加值新鲜水耗 农业灌溉水有效利用系数	m³/万元	≤20 ≥0.55	约束性指标
	5	应当实施强制性清洁生产企业通过验收的比例	%	100	约束性指标

	序号	名称	单位	指标	说明
生态环境保护	6	森林覆盖率 　山区 　丘陵区 　平原地区 　高寒区或草原区林草覆盖率	%	≥70 ≥40 ≥15 ≥85	约束性指标
	7	受保护地区占国土面积比例	%	≥17	约束性指标
	8	空气环境质量	—	达到功能区标准	约束性指标
	9	水环境质量 近岸海域水环境质量	—	达到功能区标准，且城市无劣Ⅴ类水体	约束性指标
	10	主要污染物排放强度 化学需氧量（COD） 二氧化硫（SO₂）	kg/万元 （GDP）	<4.0 <5.0 不超过国家总量控制指标	约束性指标
	11	集中式饮用水源水质达标率	%	100	约束性指标
	12	城市污水集中处理率 工业用水重复率	%	≥85 ≥80	约束性指标
	13	噪声环境质量	—	达到功能区标准	约束性指标
	14	城镇生活垃圾无害化处理率 工业固体废物处置利用率	%	≥90 ≥90 且无危险废物排放	约束性指标
	15	城镇人均公共绿地面积	m²/人	≥11	约束性指标
	16	环境保护投资占GDP的比重	%	≥3.5	约束性指标
社会进步	17	城市化水平	%	≥55	参考性指标
	18	采暖地区集中供热普及率	%	≥65	参考性指标
	19	公众对环境的满意率	%	>90	参考性指标

三、生态省建设指标

1. 基本条件

（1）制订了《生态省建设规划纲要》，并通过省人大常委会审议、颁布实施。国家有关环境保护法律、法规、制度及地方颁布的各项环保规定、制度得到有效的贯彻执行。

（2）全省县级（含县级）以上政府（包括各类经济开发区）有独立的环保机构。环境保护工作纳入市（含地级行政区）党委、政府领导班子实绩考核内容，并建立相应的考核机制。

（3）完成国家下达的节能减排任务。三年内无重大环境事件，群众反映的各类环境问题得到有效解决。外来入侵物种对生态环境未造成明显影响。

（4）生态环境质量评价指数位居国内前列或不断提高。

（5）全省 80%的地市达到生态市建设指标并获命名。

2. 建设指标

	序号	名称	单位	指标	说明
经济发展	1	农民年人均纯收入 东部地区 中部地区 西部地区	元/人	≥8 000 ≥6 000 ≥4 500	约束性指标
	2	城镇居民年人均可支配收入 东部地区 中部地区 西部地区	元/人	≥16 000 ≥14 000 ≥12 000	约束性指标
	3	环保产业比重	%	≥10	参考性指标
生态环境保护	4	森林覆盖率 山区 丘陵区 平原地区 高寒区或草原区林草覆盖率	%	≥65 ≥35 ≥12 ≥80	约束性指标
	5	受保护地区占国土面积比例	%	≥15	约束性指标
	6	退化土地恢复率	%	≥90	参考性指标
	7	物种保护指数	—	≥0.9	参考性指标
	8	主要河流年水消耗量 省内河流 跨省河流	—	<40% 不超过国家分配的水资源量	参考性指标
	9	地下水超采率	%	0	参考性指标
	10	主要污染物排放强度 化学需氧量（COD） 二氧化硫（SO_2）	kg/万元（GDP）	<5.0 <6.0 且不超过国家总量控制指标	约束性指标
	11	降水 pH 值年均值 酸雨频率	%	≥5.0 <30	约束性指标
	12	空气环境质量	—	达到功能区标准	约束性指标

	序号	名称	单位	指标	说明
生态环境保护	13	水环境质量 近岸海域水环境质量	—	达到功能区标准，且过境河流水质达到国家规定要求	约束性指标
	14	环境保护投资占 GDP 的比重	%	3.5	约束性指标
社会进步	15	城市化水平	%	50	参考性指标
	16	基尼系数	—	0.3～0.4	参考性指标

四、指标解释

（一）生态县

第一部分　基本条件

1. 制订了《生态县建设规划》，并通过县人大审议、颁布实施。国家有关环境保护法律、法规、制度及地方颁布的各项环保规定、制度得到有效的贯彻执行。

指标解释：

按照《生态县、生态市建设规划编制大纲（试行）》（环办〔2004〕109 号），组织编制或修订完成生态县（市、区）建设规划。通过有关专家论证后，由当地政府提请同级人大审议通过后颁布实施。

规划文本和批准实施的文件报国家环保总局备案。规划应实施 2 年以上。

严格执行国家和地方的生态环境保护法律法规，并根据当地的生态环境状况，制订本地区生态环境保护与建设的政策措施；严格执行项目建设和资源开发的环境影响评价和"三同时"制度。主要工业污染源达标率 100%，小造纸、小化工、小制革、小印染、小酿造等不符合国家产业政策的企业全部关停。

数据来源：当地政府或各有关部门的文件、实施计划。

2. 有独立的环保机构。环境保护工作纳入乡镇党委、政府领导班子实绩考核内容，并建立相应的考核机制。

指标解释：

设有独立的环保机构，将环境保护纳入党政领导干部政绩考核。成立以政府主要负责人为组长、有关部门负责人参加的创建工作领导小组，下设办公室。评优创先活动实行环保一票否决。

数据来源：当地政府或各有关部门的文件。

3. 完成上级政府下达的节能减排任务。三年内无较大环境事件，群众反映的各类环境问题得到有效解决。外来入侵物种对生态环境未造成明显影响。

指标解释：

按照国务院印发的《节能减排综合性工作方案》，明确各乡镇各部门实现节能减排的目标任务和总体要求，完成年度节能减排任务。

较大环境事件，指"国家突发环境事件应急预案"规定的较大环境事件（III级）以上（含III级）的环境事件，具体要求详见上述预案。及时查处、反馈群众投诉的各类环境问题。

外来入侵物种指在当地生存繁殖，对当地生态或者经济构成破坏的外来物种。

数据来源：发展改革、环保等部门。

4. 生态环境质量评价指数在全省名列前茅。

指标解释：

按照《生态环境状况评价技术规范（试行）》（HJ/T 192—2006）开展区域生态环境质量状况评价。

生态环境质量评价指数连续三年在全省排名前 10 位（不含已命名生态县的排名）。

数据来源：环保部门。

5. 全县 80%的乡镇达到全国环境优美乡镇考核标准并获命名。

指标解释：

全县（含县级市、区）80%的乡镇（街道）被命名为"全国环境优美乡镇（街道）"。

数据来源：环保部门。

第二部分　建设指标

1. 农民年人均纯收入

指标解释：

指乡镇辖区内农村常住居民家庭总收入中，扣除从事生产和非生产经营费用支出、缴纳税款、上交承包集体任务金额以后剩余的，可直接用于进行生产性、非生产性建设投资、生活消费和积蓄的那一部分收入。

数据来源：统计部门。

2. 单位 GDP 能耗

指标解释：

指万元国内生产总值的耗能量。计算公式为：

$$单位GDP能耗=\frac{总能耗（t标煤）}{国内生产总值（万元）}$$

数据来源：统计、经济综合管理、能源管理等部门。

3. 单位工业增加值新鲜水耗、农业灌溉水有效利用系数

（1）单位工业增加值新鲜水耗

指标解释：

工业用新鲜水量指报告期内企业厂区内用于生产和生活的新鲜水量（生活用水单独计量且生活污水不与工业废水混排的除外），它等于企业从城市自来水取用的水量和企业自备水用量之和。工业增加值指全部企业工业增加值，不限于规模以上企业工业增加值。计算公式为：

$$单位工业增加值新鲜水耗=\frac{工业新鲜用水量（m^3）}{工业增加值（万元）}$$

数据来源：统计、经贸、水利、环保等部门。

（2）农业灌溉水有效利用系数

指标解释：

指田间实际净灌溉用水总量与毛灌溉用水总量的比值。毛灌溉用水总量指在灌溉季节从水源引入的灌溉水量；净灌溉用水总量指在同一时段内进入田间的灌溉用水量。计算公式为：

$$农业灌溉水有效利用系数=\frac{净灌溉用水量}{毛灌溉用水量}\times100\%$$

数据来源：水利、农业、统计部门。

4. 主要农产品中有机、绿色及无公害产品种植面积的比重

指标解释：

指有机、绿色及无公害产品种植面积与农作物播种总面积的比例。有机、绿色及无公害产品种植面积不能重复统计。计算公式为：

$$有机、绿色及无公害产品种植面积的比重=\frac{有机、绿色及无公害产品种植面积}{农作物种植面积}\times100\%$$

数据来源：农业、林业、环保、质检、统计部门。

5. 森林覆盖率

指标解释：

森林覆盖率指森林面积占土地面积的比例。高寒区或草原区林草覆盖率是指区内林地、草地面积之和与总土地面积的百分比。计算公式为：

$$林草覆盖率 = \frac{林草地面积之和}{土地总面积} \times 100\%$$

数据来源：统计、林业、农业、国土资源部门。

6. 受保护地区占国土面积比例

指标解释：

指辖区内各类（级）自然保护区、风景名胜区、森林公园、地质公园、生态功能保护区、水源保护区、封山育林地等面积占全部陆地（湿地）面积的百分比，上述区域面积不得重复计算。

数据来源：统计、环保、建设、林业、国土资源、农业等部门。

7. 空气环境质量

指标解释：

指辖区空气环境质量达到国家有关功能区标准要求，目前执行《环境空气质量标准》（GB 3095—1996）和《环境空气质量功能区划分原则与技术方法》（HJ 14—1996）。

数据来源：环保部门。

8. 水环境质量、近岸海域水环境质量

指标解释：

按规划的功能区要求达到相应的国家水环境或海水环境质量标准。目前采用《地表水环境质量标准》（GB 3838—2002）、《地下水环境质量标准》（GB/T 14848—1993）和《海水水质标准》（GB 3097—1997）。

省控以上断面过境河流水质不降低。

数据来源：环保部门。

9. 噪声环境质量

指标解释：

指城市区域按规划的功能区要求达到相应的国家声环境质量标准。目前采用《城市区域环境噪声标准》（GB 3096—1993）。

数据来源：环保部门。

10. 主要污染物排放强度

指标解释：

指单位 GDP 所产生的主要污染物数量。按照节能减排的总体要求，本指标计算化学需氧量（COD）和二氧化硫（SO$_2$）的排放强度。计算公式为：

$$主要污染物排放强度=\frac{全年COD或SO_2排放总量（kg）}{全年国内生产总值}$$

COD 和 SO$_2$ 的排放不得超过国家总量控制指标，且近三年逐年下降。

数据来源：环保部门。

11. 城镇污水集中处理率、工业用水重复率

（1）城镇污水集中处理率

指标解释：

城镇污水集中处理率指城市及乡镇建成区内经过污水处理厂二级或二级以上处理，或其他处理设施处理（相当于二级处理），且达到排放标准的生活污水量与城镇建成区生活污水排放总量的百分比。计算公式为：

$$生活污水集中处理率=\frac{二级污水处理厂处理量+一级污水处理厂、排江、排海工程处理量×0.7+氧化塘、氧化沟、沼气池及湿地处理系统处理量×0.5}{城镇建成区生活污水排放总量}×100\%$$

数据来源：建设、环保部门。

（2）工业用水重复率

指标解释：

指工业重复用水量占工业用水总量的比值。计算公式为：

$$工业用水重复率=\frac{工业重复用水量}{工业用水总量}×100\%$$

数据来源：统计、发展改革、经贸、环保部门。

12. 城镇生活垃圾无害化处理率、工业固体废物处置利用率

指标解释：

城镇生活垃圾无害化处理率指城市及建制镇生活垃圾资源化量占垃圾清运量的比值。工业固体废物处置利用率指工业固体废物处置及综合利用量占工业固体废物产生量的比值。无危险废物排放。有关标准采用《一般工业固体废弃物储存、处置场污染控制标准》（GB 18599—2001）、《生活垃圾焚烧污染控制标准》（GB 18485—2001）、《生活垃圾填埋污染控制标准》（GB 16889—1997）。

数据来源：环保、建设、卫生部门。

13. 城镇人均公共绿地面积

指标解释：

指城镇公共绿地面积的人均占有量。公共绿地包括公共人工绿地、天然绿地，以及机关、企事业单位绿地。

数据来源：统计、建设部门。

14. 农村生活用能中清洁能源所占比例

指标解释：

指农村用于生活的全部能源中清洁能源所占的比例。清洁能源是指环境污染物和温室气体零排放或者低排放的一次能源，主要包括天然气、核电、水电及其他新能源和可再生能源等。

数据来源：统计、经贸、能源、农业、环保等部门。

15. 秸秆综合利用率

指标解释：

指综合利用的秸秆数量占秸秆总量的比例。秸秆综合利用包括秸秆气化、饲料、秸秆还田、编织、燃料等。计算公式为：

$$秸秆综合利用率 = \frac{综合利用的秸秆数量}{农村秸秆总量} \times 100\%$$

数据来源：统计、农业、环保部门。

16. 规模化畜禽养殖场粪便综合利用率

指标解释：

指集约化、规模化畜禽养殖场通过还田、沼气、堆肥、培养料等方式利用的畜禽粪便量与畜禽粪便产生总量的比例。有关标准按照《畜禽养殖业污染物排放标准》（GB 18596—2001）和《畜禽养殖污染防治管理办法》执行。

数据来源：环保、农业部门。

17. 化肥施用强度（折纯）

指标解释：

指本年内单位面积耕地实际用于农业生产的化肥数量。化肥施用量要求按折纯量计算。折纯量是指将氮肥、磷肥、钾肥分别按含氮、含五氧化二磷、含氧化钾的百分之百成分进行折算后的数量。复合肥按其所含主要成分折算。计算公式为：

$$化肥施用强度=\frac{化肥施用总量（kg）}{耕地面积}$$

数据来源：农业、统计、环保部门。

18. 集中式饮用水源水质达标率、村镇饮用水卫生合格率

（1）集中式饮用水源水质达标率

指标解释：

指城镇集中饮用水水源地，其地表水水源水质达到《地表水环境质量标准》（GB 3838—2002）Ⅲ类标准和地下水水源水质达到《地下水质量标准》（GB/T 14848—1993）Ⅲ类标准的水量占取水总量的百分比。计算公式为：

$$集中式饮用水源水质达标率=\frac{各饮用水水源地取水水质达标量之和}{各饮用水水源地取水量之和}×100\%$$

数据来源：建设、卫生、环保等部门。

（2）村镇饮用水卫生合格率

指标解释：

指以自来水厂或手压井形式取得饮用水的农村人口占农村总人口的百分率，雨水收集系统和其他饮水形式的合格与否需经检测确定。饮用水水质符合国家生活饮用水卫生标准的规定，且连续三年未发生饮用水污染事故。计算公式为：

$$村镇饮用水卫生合格率=\frac{取得合格饮用水农村人口数}{农村人口总数}×100\%$$

数据来源：环保、卫生、建设等部门。

19. 农村卫生厕所普及率

指标解释：

指使用卫生厕所的农户数占农户总户数的比例。卫生厕所标准执行《农村户厕卫生标准》（GB 19379—2003）。

数据来源：卫生、建设部门。

20. 环境保护投资占 GDP 的比重

指标解释：

指用于环境污染防治、生态环境保护和建设投资占当年国内生产总值（GDP）的比例。要求近三年污染治理和生态环境保护与恢复投资占 GDP 比重不降低或持续提高。计算公式为：

$$环保投资占GDP的比重=\frac{污染防治投资+生态环境保护和建设投资}{国内生产总值（GDP）}\times100\%$$

数据来源：统计、发展改革、建设、环保部门。

21. 人口自然增长率

指标解释：

指在一定时期内（通常为一年）人口净增加数（出生人数减死亡人数）与该时期内平均人数（或期中人数）之比，采用千分率表示。计算公式为：

$$人口自然增长率=\frac{本年出生人数-本年死亡人数}{年平均人数}\times1000‰$$

数据来源：计划生育、统计部门。

22. 公众对环境的满意率

指标解释：

指公众对环境保护工作及环境质量状况的满意程度。

数据来源：现场问卷调查。

（二）生态市

第一部分　基本条件

指标解释参照生态县的相关内容。"生态环境质量评价指数在全省名列前茅"是指生态环境质量评价指数连续三年在全省排名前 3 位（不含已命名生态市的排名）。

第二部分　建设指标

1. 农民年人均纯收入

指标解释参照生态县的相关内容。

2. 第三产业占 GDP 比例

指标解释：

指第三产业的产值占国内生产总值的比例。计算公式为：

$$第三产业占GDP比例=\frac{第三产业产值}{国内生产总值（GDP）}\times100\%$$

数据来源：统计部门。

3. 单位 GDP 能耗

指标解释参照生态县的相关内容。

4. 单位工业增加值新鲜水耗、农业灌溉水有效利用系数

指标解释参照生态县的相关内容。

5. 应当实施强制性清洁生产企业通过验收的比例

指标解释：

《清洁生产促进法》规定：污染物排放超过国家和地方规定的排放标准或者超过经有关地方人民政府核定的污染物排放总量控制标准的企业，应当实施清洁生产审核；使用有毒、有害原料进行生产或者在生产中排放有毒、有害物质的企业，应当定期实施清洁生产审核。同时规定，省级环保部门在当地主要媒体上定期公布污染物超标排放或者污染物排放总量超过规定限额的污染严重企业的名单。

数据来源：经贸、环保、统计部门。

6. 森林覆盖率

指标解释参照生态县的相关内容。

7. 受保护地区占国土面积比例

指标解释参照生态县的相关内容。

8. 空气环境质量

指标解释参照生态县的相关内容。

9. 水环境质量、近岸海域水环境质量

指标解释参照生态县的相关内容。

10. 主要污染物排放强度

指标解释参照生态县的相关内容。

11. 集中式饮用水源水质达标率

指标解释参照生态县的相关内容。

12. 城市污水集中处理率、工业用水重复率

（1）城市污水集中处理率

指标解释：

是指城市市区经过城市污水处理厂二级或二级以上处理且达到排放标准的污水量与城市污水排放总量的百分比。计算公式为：

$$城市污水集中处理率 = \frac{城市污水处理厂处理污水量（万t）}{城市污水排放总量（万t）} \times 100\%$$

数据来源：建设、环保部门。

（2）工业用水重复率

指标解释参照生态县的相关内容。

13．噪声环境质量

指标解释参照生态县的相关内容。

14．城镇生活垃圾无害化处理率、工业固体废物处置利用率

指标解释参照生态县的相关内容。

15．城镇人均公共绿地面积

指标解释参照生态县的相关内容。

16．环境保护投资占 GDP 的比重

指标解释参照生态县的相关内容。

17．城市化水平

指标解释：

指城镇建成区内总人口占地区总人口的比重。计算公式为：

$$城市化水平 = \frac{城镇建成区内总人口数}{市（县）总人口数} \times 100\%$$

数据来源：统计部门。

18．采暖地区集中供热普及率

指标解释：

指城市市区集中供热设备供热总容量占市区供热设备总容量的百分比。计算公式为：

$$市区集中供热普及率 = \frac{市区集中供热设备供热总容量（MW）}{市区供热设备供热总容量（MW）} \times 100\%$$

数据来源：建设部门。

19．公众对环境的满意率

指标解释参照生态县的相关内容。

（三）生态省

第一部分　基本条件

指标解释参照生态县的相关内容。

第二部分　建设指标

1. 农民年人均纯收入

指标解释参照生态县的相关内容。

2. 城镇居民年人均可支配收入

指标解释：

指城镇居民家庭在支付个人所得税、财产税及其他经常性转移支出后所余下的人均实际收入。

数据来源：统计部门。

3. 环保产业比重

指标解释：

指环保产业产值占国内生产总值（GDP）的比重。环保产业是环境保护相关产业的简称，指国民经济结构中为环境污染防治、生态保护与恢复、有效利用资源、满足人民环境需求，为社会、经济可持续发展提供产品和服务支持的产业。它不仅包括污染控制与减排、污染清理及废物处理等方面提供产品与技术服务的狭义内涵，还包括涉及产品生命周期过程中对环境友好的技术与产品、节能技术、生态设计及与环境相关的服务等。

数据来源：统计、发展改革、经贸、环保部门。

4. 森林覆盖率

指标解释参照生态县的相关内容。

5. 受保护地区占国土面积比例

指标解释参照生态县的相关内容。

6. 退化土地恢复率

指标解释：

土地退化是指由于使用土地或由于一种营力或数种营力结合致使雨浇地、水浇地或草原、牧场、森林和林地的生物或经济生产力和复杂性下降或丧失，其中主要包括：（1）风蚀和水蚀致使土壤物质流失；（2）土壤的物理、化学和生物特性或经济特性退化；（3）自然植被长期丧失。本指标计算以水土流失为例，水利部规定小流域侵蚀治理达标标准是，土壤侵蚀治理程度达70%。其他土地退化，如沙漠化、盐渍化、矿产开发引起的土地破坏等也可类推。计算公式为：

$$退化土地恢复率 = \frac{已恢复的退化土地总面积}{退化土地总面积} \times 100\%$$

数据来源：水利、林业、国土、农业部门。

7. 物种保护指数

指标解释：

指考核年动植物物种现存数与生态省建设规划基准年动植物物种总数之比。计算公式为：

$$物种保护指数 = \frac{考核年动植物物种数}{基准年动植物物种数}$$

数据来源：林业、农业、环保部门。

8. 主要河流年水消耗量

指标解释：

对省域内主要河流，国际上通常将40%的水资源消耗作为临界值；对跨省主要河流，水资源的消耗不得超过国家分配的水资源量。

数据来源：水利部门。

9. 地下水超采率

指标解释：

指一年内区域地下水开发利用量超过可采地下水资源总量的比例。

数据来源：水利、国土资源、建设部门。

10. 主要污染物排放强度

指标解释参照生态县的相关内容。

11. 降水 pH 值年均值、酸雨频率

降水 pH 值年均值指一年降水酸度（pH 值）的平均值。酸雨频率指一年的降水总次数中，pH 值小于 5.6 的降水发生比例。

数据来源：环保部门。

12. 空气环境质量

指标解释参照生态县的相关内容。

13. 水环境质量，近岸海域水环境质量

指标解释参照生态县的相关内容。

14. 环境保护投资占 GDP 的比重

指标解释参照生态县的相关内容。

15. 城市化水平

指标解释参照生态市的相关内容。

16. 基尼系数

指标解释：

是用来反映社会收入分配平等状况的指数。基尼系数一般介于 0～1 之间，0 表示收入绝对平均，1 表示收入绝对不平均，小于 0.2 表示收入高度平均，大于 0.6 表示收入高度不平均。0.3～0.4 之间表示较为合理。国际上一般把 0.4 作为警戒线。

基尼系数的计算方法：按人均收入由低到高进行排序，分成若干组（如果不分组，则每一户或每一人为一组），计算每组收入占总收入比重（W_i）和人口比重（P_i），计算公式为：

$$G = 1 - \sum_{i-1}^{n} p_i \cdot (2Q_i - W_i)，其中：Q_i = \sum_{k-1}^{i} Wk，或 G = 1 - \sum_{i-1}^{n} P_i \cdot \left(2\sum_{k-1}^{i} W_k - W_i \right)$$

数据来源：统计部门。

后　记

本书是我国著名生态马克思主义经济学家刘思华先生主持的"十二五"国家重点图书出版规划项目"绿色经济与绿色发展丛书"中的一本。在本书即将出版之际，聊表数言，以作后记。

生态文明是人类历史上最新的一种文明形态，尽管目前它尚处于萌芽状态或初露端倪；生态文明理论是人类反思工业文明社会形态发展模式的伟大思想结晶，更是马克思主义生态学理论工作者给人类做出的宝贵奉献。绿色社区建设本应是生态文明社会形态中社区发展的指向，国内外一些社区被冠以"绿色社区"，并不是真正意义上的绿色社区，因为它没有被纳入生态文明视域，因而充其量归之为"环境友好型"社区。因此，基于生态文明视域，研究社区的绿色化，既具有深刻的学术价值，更具有重要的实践价值。

在撰写《绿色社区》过程中，虽然花费了相当的时间和精力，借鉴了诸多学者同行宝贵的研究资料及其研究成果，更得到他们的指点和帮助，无奈关涉绿色社区及其建设的问题既多且复杂，更因本人才疏学浅而难以赋予其"规律性"的认识，而只能尽我全力尽量把我关于此问题的一些思考展现给各位同仁，以期与大家共同探讨，并虚心接受大家的斧正。

尽管本人对著作的撰写做出了较大努力，但是，著作中的错误和不足在所难免，敬请各位专家和同仁斧正。

本著作在写作过程中，多次得到了"绿色经济与绿色发展丛书"主编的多次指导，并使用了先生并未公开发表的一些思想和论断。先生严谨的治学态度，对诸多问题的深见，对学界同行后辈学术上的无私奉献，对马克思主义生态文明理论研究的执着追求，使得应"知天命"的我深深敬佩与折服，并在此对先生表示真诚的敬意。

本著作在写作过程中也得到了中南财经政法大学经济学院诸多先生的帮助，在此同表谢意。本著作还引用了学者们大量的珍贵文献及学术观点，对此已在文中加以列示，但也难免挂一漏万，在此向提及和未提及的学者表示谢忱。同时，作者表示文责自负。

本著作历经 3 年时间才得以完成。在其间，我的研究生李玲、王吕、邵淼淼、付秋安、赵锐、张善伟、刘龙君、杜炜宇、全良军、程方、阮申、王欣等参与了资料收录、整理与书稿校对工作，在此一并表示谢意。

本著作的最终完成，得到了儿子万润和妻子孙照莹的大力支持。儿子完成了书稿的英文资料翻译和校对工作，妻子则在生活中给予周全照顾，并对我的工作全力支持。

中国环境出版社的陈金华编审、宾银平编辑以及其他各位编辑，他们为本书的最终出版，付出了辛勤的劳动，在此一并表示诚挚的谢意！

湖北工业大学马克思主义学院　万华炜
2016 年 4 月 8 日于巡司河畔